NCT 全国青少年编程能力等级测试教程

图形化编程

一级

NCT全国青少年编程能力等级测试教程编委会 编著

U0214772

清华大学出版社

北京

内 容 简 介

本书依据《青少年编程能力等级》(T/CERACU/AFCEC/SIA/CNYPA 100.1—2019)标准进行编写。本书是 NCT 测试备考、命题的重要依据,对 NCT 图形化编程一级测试的命题范围及考查内容做了清晰的界定和讲解。

全书分为两部分。绪论部分介绍了 NCT 全国青少年编程能力等级测试的考试背景、考试形式、考试环境等。专题部分基于 Kitten 工具,对团体标准《青少年编程能力等级》标准中图形化编程一级做了详细解析,提出了达到图形化编程一级能力的要求,例如掌握 Kitten 编辑器的使用、掌握三种程序结构、掌握常用的图形化编程积木等,对知识点进行了梳理,并对知识点的综合运用进行了说明,结合真题、模拟题进行讲解。

图书在版编目(CIP)数据

NCT 全国青少年编程能力等级测试教程. 图形化编程一级/NCT 全国青少年编程能力等级测试教程编委会编著. —北京:清华大学出版社,2020.8(2024.8 重印)

ISBN 978-7-302-56175-0

Ⅰ. ①N… Ⅱ. ①N… Ⅲ. ①程序设计—青少年读物 Ⅳ. ①TP311.1-49

中国版本图书馆 CIP 数据核字(2020)第 140607 号

责任编辑:彭远同
封面设计:常雪影
责任校对:袁 芳
责任印制:宋 林

出版发行:清华大学出版社
      网　　　址:https://www.tup.com.cn,https://www.wqxuetang.com
      地　　　址:北京清华大学学研大厦 A 座　　　邮　编:100084
      社 总 机:010-83470000　　　邮　购:010-62786544
      投稿与读者服务:010-62776969,c-service@tup.tsinghua.edu.cn
      质量反馈:010-62772015,zhiliang@tup.tsinghua.edu.cn
印 装 者:三河市铭诚印务有限公司
经　　销:全国新华书店
开　　本:185mm×260mm　　　印　张:13　　　字　数:250 千字
版　　次:2020 年 8 月第 1 版　　　印　次:2024 年 8 月第 7 次印刷
定　　价:58.00 元

产品编号:088917-01

 **本书编委**

前　言

　　NCT 全国青少年编程能力等级测试是国内首家通过全国信息技术标准化技术委员会教育技术分技术委员会（暨教育部教育信息化技术标准委员会）《青少年编程能力等级》标准符合性认证的等级考试项目。围绕 Kitten、Scratch、Python 等在国内外拥有广泛用户基础的热门通用编程工具和编程语言，从逻辑思维、计算思维、创造性思维三个方面考查学生的编程能力水平。旨在以专业、完备的测评系统推动该标准的落地，以考促学，以评促教。除编程技术能力外，更加重视学生的应用能力和创新能力。

　　为了引导考生顺利备考 NCT 全国青少年编程能力等级测试，由从事 NCT 全国青少年编程能力等级测试试题研究专家、工作人员，以及在编程教育行业一线从事教学工作的教师共同精心编写了《NCT 全国青少年编程能力等级测试教程》系列丛书(共七册)。本册为《NCT 全国青少年编程能力等级测试教程——图形化编程一级》，面向的主要读者是参加 NCT 全国青少年编程能力等级测试的考生，适用于考生考前复习，也可以作为相关考试培训班的辅助教材。

　　本书绪论部分介绍了考试背景、报考说明、考试题型等内容，建议考生与辅导教师在考试之前务必熟悉此部分内容，避免出现不必要的失误。

　　全书总共包含 14 个专题，详细讲解了 NCT 全国青少年编程能力等级测试图形化编程一级的考查内容。"真题演练"提供了两套历年真题，配合答案解析供考生进行练习和自测。

　　每个专题都包含考查方向、考点清单、考点探秘、巩固练习四个板块。

板块名	内　　容	作　　　用
考查方向	能力考评方向	给出能力考查的五个维度
	知识结构导图	以思维导图的形式展现专题中的所有考点和知识点
考点清单	考点评估	对考点的重要程度、难度、考题题型及考查要求进行说明，使考生可以合理制订学习计划
	考点梳理	将重要的知识点提炼出来，进行图文讲解和举例说明，使考生迅速掌握考试重点
	备考锦囊	考点中易错点、重难点等的说明和提示

续表

板块名	内　容	作　用
考点探秘	考题	列举典型例题
	核心考点	列举主要考点
	思路分析	讲解题目的解题思路及解题步骤
	考题解答	对考题进行详细分析和解答
	考法剖析	总结归纳该类型题目的考查方法及解题技巧
	举一反三	列举相似题型，供考生练习
巩固练习		学完每个专题后，考生通过练习，进行知识点巩固

由于编写水平有限，书中难免存在疏漏之处，恳请广大读者批评、指正。

编　者

2020 年 5 月

前言

目 录

目录

绪　　论

一、考试背景

1. 青少年编程能力等级标准

为深入贯彻《新一代人工智能发展规划》《中国教育现代化 2035》中关于青少年人工智能教育的相关要求，推动青少年编程教育的普及发展，支持鼓励青少年树立远大志向，放飞科学梦想，投身创新实践，加强中国科技自主创新能力的后备力量培养，中国软件行业协会与全国高等学校计算机教育研究会、全国高等院校计算机基础教育研究会、中国青少年宫协会四个全国一级社团组织联合立项并发布了《青少年编程能力等级》团体标准第 1 部分、第 2 部分，其中第 1 部分为图形化编程（一至三级），第 2 部分为 Python 编程（一至四级）。该标准作为国内首个《青少年编程能力等级》标准，是衡量我国青少年编程能力水平，指导青少年编程培训与能力测评的重要文件。

表 0-1、表 0-2 分别为图形化编程能力等级划分和 Python 编程能力等级划分。

表 0-1

等 级	能 力 要 求	等级划分说明
图形化编程一级	基本图形化编程能力	掌握图形化编程平台的使用，能够应用顺序、循环、选择三种基本程序结构编写结构良好的简单程序，解决简单问题
图形化编程二级	初步程序设计能力	掌握更多编程知识和技能，能够根据实际问题的需求设计和编写程序，解决复杂问题，创作编程作品，具备一定的计算思维
图形化编程三级	算法设计与应用能力	综合应用所学的编程知识和技能，合理地选择数据结构和算法，设计和编写程序解决实际问题，完成复杂项目，具备良好的计算思维和设计思维

表 0-2

等 级	能 力 要 求	等级划分说明
Python 一级	基本编程思维	具备以编程逻辑为目标的基本编程能力
Python 二级	模块编程思维	具备以函数、模块和类等形式抽象为目标的基本编程能力
Python 三级	基本数据思维	具备以数据理解、表达和简单运算为目标的基本编程能力
Python 四级	基本算法思维	具备以常见、常用且典型算法为目标的基本编程能力

《青少年编程能力等级》中共包含 103 项图形化编程能力要求和 48 项 Python 编程能力要求。《青少年编程能力等级》标准第 1 部分详情请参照附录一。

2．NCT 全国青少年编程能力等级测试

NCT 全国青少年编程能力等级测试是国内首家通过全国信息技术标准化技术委员会教育技术分技术委员会（暨教育部教育信息化技术标准委员会）《青少年编程能力等级》标准符合性认证的等考项目。围绕 Kitten、Scratch、Python 等在国内外拥有广泛用户基础的热门通用编程工具和编程语言，从逻辑思维、计算思维、创造性思维三个方面考查学生编程能力水平，旨在以专业、完备的测评系统推动该标准的落地，以考促学，以评促教。除编程技术能力外，更加重视学生应用能力和创新能力。

NCT 全国青少年编程能力等级测试分为图形化编程（一至三级）和 Python 编程（一至四级）。

二、图形化编程一级报考说明

1．报考指南

考生可以登录 NCT 全国青少年编程能力等级测试官方网站了解更多信息，并进行考试流程演练。

（1）报考对象

① 面向人群：年龄为 8 ~ 18 周岁，年级为小学三年级至高中三年级的青少年群体。

② 面向机构：中小学校、中小学阶段线上或线下社会培训机构、各地电教馆、少年宫和科技馆等。

（2）考试方式

① 上机考试。

② 考试工具：Kitten 编辑器（下载路径：官网→考前准备→软件下载）。

（3）考试合格标准

满分为 100 分，60 分及其以上为合格，90 分及其以上为优秀。具体以组委会公布为准。

（4）考试成绩查询

登录 NCT 全国青少年能力等级测试官方网站进行查询，最终成绩以组委会公布的信息为准。

（5）考试成绩申诉

成绩公布后 3 日内，如果考生对考试成绩存在异议，可按照组委会的指引发送异议信息到组委会官方邮箱。

（6）考试设备要求

考试设备要求具体如表 0-3 所示。

表 0-3

项　目		最　低　要　求	推　　荐
硬件	键盘和鼠标	必须配备	
	前置摄像头		
	话筒		
	CPU	2010 年后购买的计算机	2015 年后购买的计算机
	内存	1GB 以上	4GB 以上
软件	操作系统	PC：Windows 7 或以上 苹果计算机：Mac OS X 10.9 Mavericks 或以上	PC：Windows 10 苹果计算机：Mac OS X EI Capitan 10.11 以上
	浏览器	谷歌浏览器 Chrome v55 以上版本（最新版本下载：官网→考前准备→软件下载）	谷歌浏览器 Chrome v79 以上或最新版本（最新版本下载：官网→考前准备→软件下载）
网络		下行：1Mbps 以上 上行：1Mbps 以上	下行：10Mbps 以上 上行：10Mbps 以上

注：最低要求为保证基本功能可用，但考试中可能会出现卡顿、加载缓慢等情况。

2．题型介绍

图形化编程一级考试时长为 60 分钟，卷面分值为 100 分。具体题量及分值分配如表 0-4 所示。

表 0-4

题　型	每题分值／分	题目数量	总分值／分
单项选择题	3	15	45
填空题	5	5	25
操作题 1	10	1	10
操作题 2	20	1	20

（1）单项选择题

① 考查方式

根据题干描述，从四个选项中选择最合理的一项。

② 例题

阿短在编写一个古诗接龙的游戏。下列脚本实现的是诗句"白日依山尽，黄河入海流"的接龙，如图 0-1 所示，则问号所代表的内容是（　　）。

图　0-1

A．0　　　　　B．1　　　　　C．2　　　　D．黄河入海流

答案：B

（2）填空题

① 考查方式

根据题干描述，填写最符合题意的答案。答题过程中，需要仔细阅读注意事项，如仅填写数字，勿填写其他文字或字符。

② 例题

运行以下脚本，如图 0-2 所示，角色一共移动了_____步。

图　0-2

注：仅填写数字，勿填写其他文字或字符。

答案：210

（3）操作题 1

① 考查方式

根据题干给出的程序预期效果及预置程序，考生需要在预置程序的基础上进行拼接、修改和调试。

② 例题

雨后的草地上有很多蘑菇，"木叶龙"来采蘑菇，如图 0-3 所示。

图 0-3

程序预期实现的效果是：

a. "木叶龙"缓缓地移向"蘑菇"。

b. 碰到"蘑菇"后，得分加 1，同时"蘑菇"随机出现在新的位置。

然而，运行程序后发现存在以下问题，请你进行完善。

a. 角色"木叶龙"的脚本是散开的，请你进行拼接，实现效果 a。（4 分）

b. 角色"蘑菇"的效果存在一些问题，请你修改其脚本，实现效果 b。（6 分）

扫描二维码下载文件：绪论操作题 1 的预置文件。

（4）操作题 2

① 考查方式

根据题干给出的程序预期效果及预置程序，考生按照要求进行编程和创作。

② 例题

使用给定素材进行创作，如图 0-4 所示。

作品要求：

a. 使用画板绘制角色"开始按键"。（3 分）

b. 启动程序后，单击"开始按键"，游戏开始，"开始按键"隐藏。（3 分）

c. 游戏开始后，三条"小鱼"在舞台上左右往复移动，角色朝向和移动方向应一致。（6 分）

d. 单击"小鱼"，"小鱼"消失，得分加 1。（4 分）

e. 得分为 3 时，显示"胜利"。（4 分）

扫描二维码下载文件：绪论操作题 2 的预置文件。

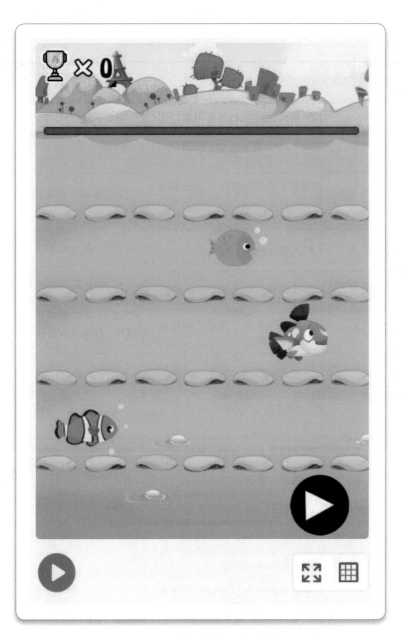

图 0-4

3．备考建议

NCT 全国青少年编程能力等级测试图形化编程一级考查内容依据《青少年编程能力等级》标准第 1 部分图形化编程一级制定。本书的专题与标准中的能力要求对应，相关对应关系及建议学习时长如表 0-5 所示。

表 0-5

编号	名 称	能力要求	对应专题	建议学习时长/小时
1	图形化编辑器的使用	了解图形化编程的基本概念，了解图形化编程平台的组成和常见功能，能够熟练使用一种图形化编程平台的基础功能	专题1 图形化编辑器（Kitten编辑器）的使用	1
2	常见指令模块的使用	掌握常见的指令模块，能够使用基础指令模块编写脚本实现相关功能	专题2 基本功能积木的使用	6
3	二维坐标系基本概念	了解二维坐标系的基本概念	专题3 二维坐标系	2
4	画板编辑器的基本使用	掌握画板编辑器的基本绘图功能	专题4 画板编辑器的基本使用	1
5	基本运算操作	了解运算相关指令模块，完成简单的运算和操作	专题5 基本运算操作	2
6	画笔功能	掌握抬笔、落笔、清空、设置画笔属性及印章指令模块，能够绘制出简单的几何图形 例：使用画笔绘制三角形和正方形	专题6 画笔功能	1
7	事件	了解事件的基本概念，能够正确使用单击"开始"按钮、键盘按下、角色被单击事件 例：能够利用方向键控制角色上、下、左、右移动	专题7 事件	2
8	消息的广播与处理	了解广播和消息处理的机制，能够利用广播指令模块实现两个角色间消息的单向传递	专题8 消息的广播与处理	1
9	变量	了解变量的概念，能够创建变量并且在程序中简单使用 例：用变量实现游戏的计分功能，接苹果游戏中苹果碰到篮子得分加1	专题9 变量	3
10	基本程序结构	了解顺序、循环、选择结构的概念，掌握三种结构组合使用编写简单程序	专题10 基本程序结构	4
11	程序调试	了解调试的概念，能够通过观察程序的运行结果对简单程序进行调试	专题11 程序调试	1

绪论

编号	名 称	能 力 要 求	对 应 专 题	建议学习时长 / 小时
12	思维导图与流程图	了解思维导图和流程图的概念，能够使用思维导图辅助程序设计，能够识读简单的流程图	专题 12 思维导图和流程图	1
13	知识产权与信息安全	了解知识产权与信息安全的基本概念，具备初步的版权意识和信息安全意识	专题 13 知识产权与信息安全	0.5
14	虚拟社区中的道德与礼仪	了解在虚拟社区中与他人进行交流的基本礼仪，尊重他人的观点，礼貌用语	专题 14 虚拟社区中的道德与礼仪	0.5

绪

论

专题1

图形化编辑器
（Kitten编辑器）的使用

Kitten 编辑器是一款图形化编程工具。使用 Kitten 编辑器编程，我们不需要学习和记忆复杂的程序语法，只需要简单地对积木进行拖曳和拼接。在本专题中，我们将一起学习 Kitten 编辑器的使用方法。

考查方向

★ 能力考评方向

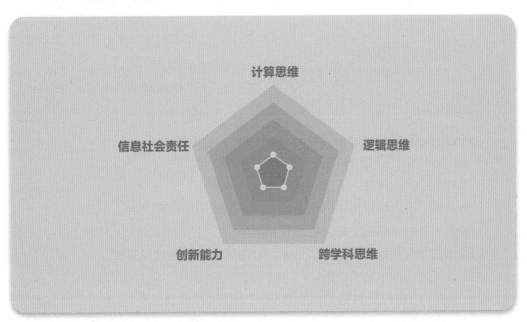

★ 知识结构导图

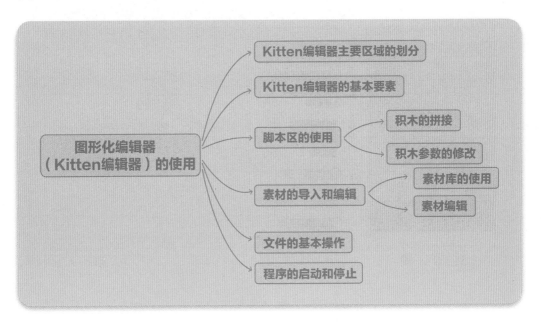

考点清单

考点1 Kitten 编辑器主要区域的划分

考 点 评 估		考 查 要 求
重要程度	★★★☆☆	1．识记 Kitten 编辑器界面区域的划分；
难度	★☆☆☆☆	2．了解 Kitten 编辑器各区域的作用
考查题型	选择题、操作题	

Kitten 编辑器也称为源码编辑器，是一种图形化编程工具。

Kitten 编辑器的主界面如图 1-1 所示，各区域的说明如下。

① 舞台区：展示角色、背景和程序的运行效果。

② 角色区：管理舞台区中的角色或背景，如删除等操作。

③ 积木库：包含编程中使用的各种积木块。

④ 属性栏：设置角色的名称、坐标值、角度和旋转模式等属性。

⑤ 脚本区：进行积木的拼接。

脚本区的三个按钮分别是"音乐画板""画板"和"素材库"。单击"音乐画板"按钮能打开音乐画板，它的作用是制作音乐。单击"画板"按钮能打开画板编辑器，它的作用是绘制图形、设计背景或角色。单击"素材库"按钮能打开素材库，使用素材库可以导入背景、角色和声音等素材。

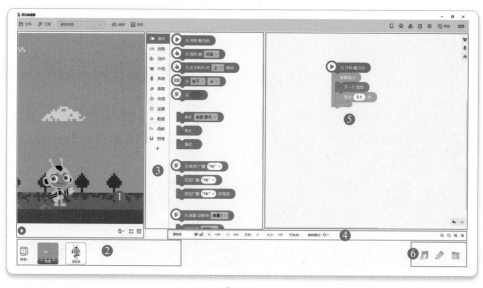

图 1-1

考点 2　Kitten 编辑器的基本要素

考 点 评 估		考 查 要 求
重要程度	★★★☆☆	1．了解图形化编辑器的基本要素；
难度	★☆☆☆☆	2．掌握属性栏的作用；
考查题型	选择题、操作题	3．掌握角色中心点的作用

1．Kitten 编辑器的基本要素

（1）背景

背景是舞台中角色活动的场景，它不会遮挡住舞台中的角色。在舞台中，只能添加一个背景，但是可以为背景添加多个造型，通过切换造型实现背景的切换。

（2）角色

角色是能够进行编程、实现一定功能的对象。舞台上能够添加多个角色，每个角色都有多个造型。

使用鼠标可以对舞台上的角色进行移动或旋转等操作。当角色被隐藏或角色的位置在舞台的显示区域以外时，角色则无法被看见。

（3）积木、脚本和程序

积木是指积木库中的单个积木块。将积木块拖曳到脚本区，进行拼接就组合成脚本。程序是所有素材、角色和背景脚本的集合。

（4）舞台

舞台即舞台区。运行程序后，展示在舞台上的角色或背景便会运行相应的脚本，程序的运行效果也将展示在舞台上。

2．属性栏

属性栏的作用是设置角色的属性。如图 1-2 所示，属性栏从左到右的功能如下。

① 修改角色的名称。

② 两个按钮功能分别是设置角色可见或隐藏和锁定属性栏（使属性栏的属性不可被修改）。

③ 设置角色的 x 坐标值和 y 坐标值。

④ 设置角色的方向。

⑤ 设置角色的大小。

⑥ 设置角色是否可被拖动（程序运行时）。

⑦ 设置角色的旋转模式。

专题 1

图 1-2

3．中心点

角色的中心点是角色进行旋转、放大和缩小等操作的参考点。如图 1-3 所示，单击角色，图中显示的十字图形就是角色的中心点。使用鼠标拖动中心点，能够修改中心点的位置。

图 1-3

 考点3　脚本区的使用

考 点 评 估		考 查 要 求
重要程度	★★★★★	1．掌握常见积木拼接的方法；
难度	★☆☆☆☆	2．掌握积木参数修改的方法
考查题型	操作题	

脚本区是进行积木拼接、编写脚本的区域。

1．积木的拼接

可以从积木库中拖曳出积木用于拼接脚本。如图 1-4 所示，从积木库中拖曳出"当角色被 [点击]"积木并放置到脚本区中。

如图 1-5 所示，从积木库中拖曳出"移动 10 步"积木并移动到"当角色被 [点击]"积木的下方，当积木之间出现阴影时，表示这两块积木能够拼接到一起。松开鼠标，两块积木就会拼接起来。

常见的积木拼接形式有如图 1-6 所示的几种。

2．积木参数的修改

积木中的参数一般有两类，一类是使用鼠标进行选择的可选参数；另一类是使用键盘输入的数值类参数。

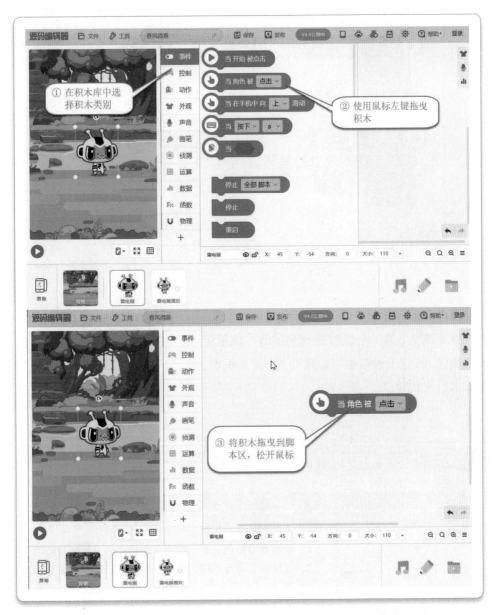

图 1-4

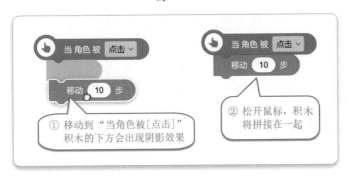

图 1-5

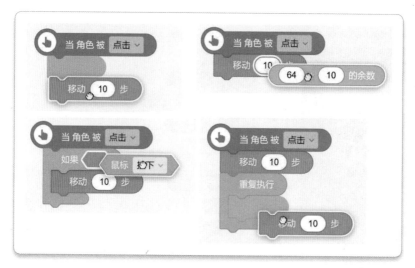

图 1-6

如图 1-7 所示，积木的第一个参数是可选参数，可以选择 x 或 y；第二个参数是一个数值，使用键盘可直接输入，这个参数也可以用变量、侦测积木、运算积木等来代替。

图 1-7

考点4 素材的导入和编辑

考点评估		考查要求
重要程度	★☆☆☆☆	1．了解素材库的作用；
难度	★☆☆☆☆	2．能够查看角色造型，对造型进行命名、复制和删除；
考查题型	选择题、操作题	3．能够查看声音素材，对声音素材进行试听、设置和删除

1．素材库的使用

素材库可以导入声音、角色和背景等素材。如图 1-8 所示，在左侧的菜单中可以选择素材的类别。

● 备考锦囊

　　导入素材的方法有很多，可以通过素材库导入，也可以使用画板编辑器和音乐画板制作素材并导入。

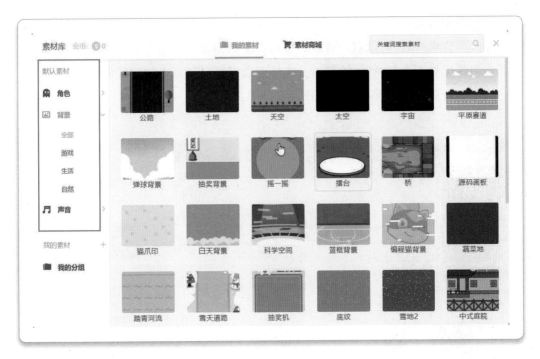

图　1-8

2．素材编辑

（1）角色造型

一个角色可以包含多个造型。如图 1-9 所示，单击"造型"按钮，会弹出如图1-10所示的界面。该界面展示了角色包含的造型，同时还能对角色的造型进行命名、复制、删除、添加以及使用画板编辑器进行编辑等操作。

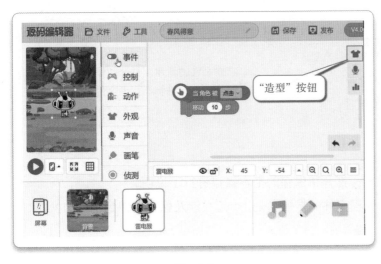

图　1-9

图　1-10

（2）声音编辑

导入声音素材后，可以对声音素材进行查看和编辑。如图 1-11 所示，单击"声音"按钮，会弹出如图 1-12 所示的界面。该界面显示了已经导入的声音素材，还可以对声音素材进行试听、设置、删除和录音等操作。

图 1-11

图 1-12

考点5 文件的基本操作

考 点 评 估		考 查 要 求
重要程度	★★☆☆☆	1．掌握文件的新建、打开和保存的基本操作；
难度	★☆☆☆☆	2．识记 Kitten 编辑器程序文件的格式
考查题型	操作题	

文件的基本操作如下。

图 1-13 对文件的新建、打开和保存的基本操作进行了说明。

在 Kitten 编辑器中，编程文件的扩展名是 .bcm。在涉及保存文件到本地的操作时，要确保文件格式名正确。

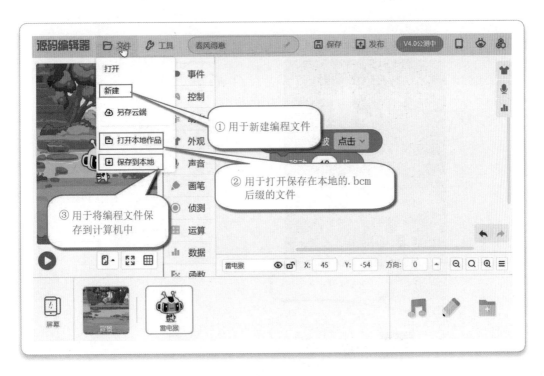

图 1-13

考点6 程序的启动和停止

考 点 评 估		考 查 要 求
重要程度	★★★★★	
难度	★☆☆☆☆	掌握控制程序启动和停止的操作
考查题型	操作题	

程序的启动和停止

如何让一个程序运行呢？如图 1-14 所示，通过单击"开始 / 停止"按钮可以控制程序的启动和停止。

如图 1-15 所示，运行程序后，脚本区将会显示"积木运行中，单击停止"，表示程序正在运行。再次单击"开始 / 停止"按钮或者在脚本区单击，程序就会停止运行。

图 1-14

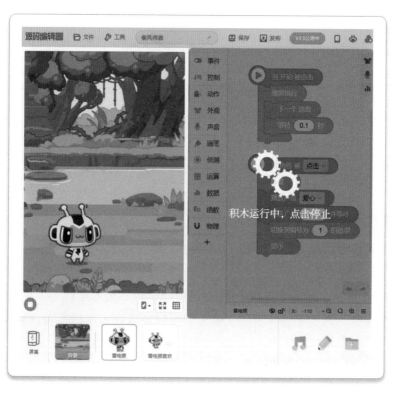

图 1-15

考点探秘

考题 I

（真题·2019 年 12 月）在编辑器中，如图 1-16 所示，展示程序运行效果的区域是（　　）。

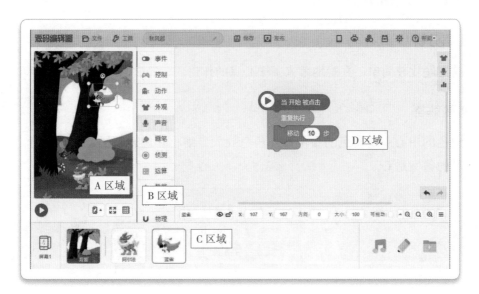

图　1-16

A. A 区域　　　　　B. B 区域　　　　　C. C 区域　　　　　D. D 区域

※ **核心考点**

考点 1：Kitten 编辑器主要区域的划分。

※ **思路分析**

这道题考查 Kitten 编辑器各个区域的划分，考生只需做到能辨析和区分即可。

※ **考题解答**

A 区域是舞台区，用于展示程序运行效果。B 区域是积木库。C 区域是角色区，导入到舞台的角色都会显示在这里。D 区域是脚本区，在这里进行积木的拼接。因此这道题的答案是 A。

▶ 考题 2

如图 1-17 所示，角色在舞台区旋转的中心是（　　　）。

A．左上角　　　　　　B．右上角

C．中心点　　　　　　D．正中心

图　1-17

※ 核心考点

考点 2：Kitten 编辑器的基本要素。

※ 思路分析

这道题比较简单，直观地考查了中心点的作用。

※ 考题解答

角色的中心点是角色的参考点，角色放大、缩小和旋转都围绕中心进行。因此这道题的答案是 C。

巩固练习

1．属性栏可以设置角色的属性，但不包括（　　　）。

　　A．大小　　　　　B．颜色　　　　　C．旋转模式　　　　D．位置

2．Kitten 编辑器保存到本地的编程文件的扩展名是（　　　）。

　　A．.sb2　　　　　B．.bcm　　　　　C．.py　　　　　D．.program

3．以下能使角色产生"移动 10 步"效果的是（　　　）。

A.

B.

C.

D.

专题 1

4. 小可根据所学习的知识绘制了一个关于图形化编程编辑器的思维导图,如图 1-18 所示。请帮小可将图中的内容补全。"？"处应该填（　　　）。

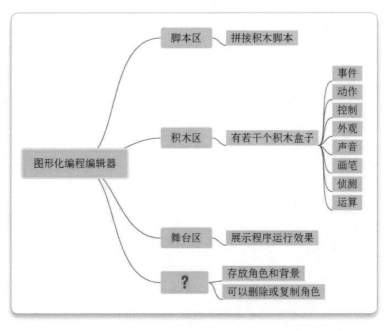

图　1-18

A. 角色区　　　　B. 脚本区　　　　C. 素材库　　　　D. 属性栏

5. 图 1-19 所示的是角色"雷电猴"的属性栏,关于"雷电猴"的初始状态,下列说法不正确的是（　　　）。

图　1-19

A. "雷电猴"是自由旋转模式　　　　B. "雷电猴"会在舞台区显示
C. "雷电猴"的面向角度是 0　　　　D. "雷电猴"的大小是 100%

专题2

基本功能积木的使用

　　想要使动画作品更加生动有趣，添加动作和声音等是必不可少的。Kitten 编辑器的积木库中有"事件""控制""动作""外观""声音"等类别的积木，分别能实现事件触发、程序控制、动画、外观特效、播放声音等功能。根据积木的颜色我们很容易区分积木的类别和作用。本专题，我们将一起学习一些常用积木的作用。

考查方向

★ 能力考评方向

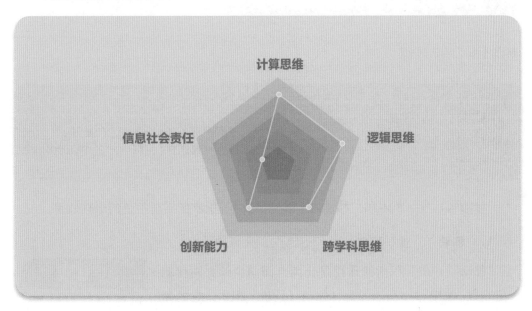

★ 知识结构导图

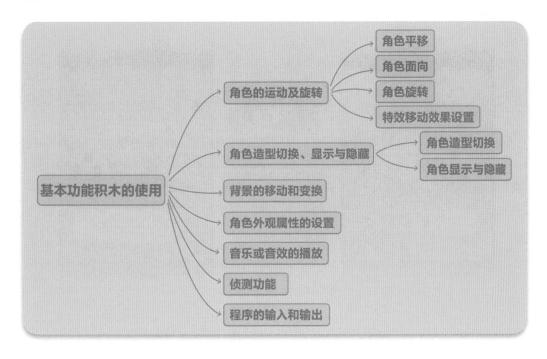

考点 1　角色的运动及旋转

考点 1.1　角色平移

考点评估		考查要求
重要程度	★★★★★	1. 掌握"移动（）步"积木的使用；
难度	★☆☆☆☆	2. 掌握"移动到 [鼠标位置]"积木的使用
考查题型	选择题、填空题、操作题	

"移动（）步"积木和"移动到 [鼠标位置]"积木能实现角色的平移效果。

1. "移动（）步"积木

"移动（）步"积木的作用是让角色面向当前方向移动一定步数。如图 2-1 所示的是"移动（）步"积木，它的参数是一个数值，表示移动的步数。

图　2-1

如图 2-2 所示，舞台背景的格子的宽度是 110，运行脚本后，"小猴"向前移动了 3 个格子。

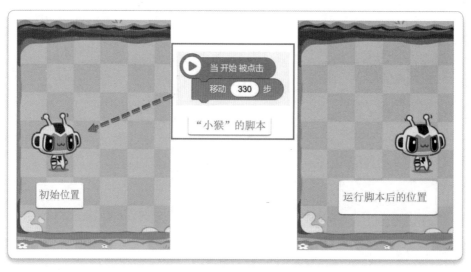

图　2-2

● 备考锦囊

当"移动（）步"积木中的参数设置为负数时，角色会向朝当前方向的反方向移动。

2．"移到 [鼠标指针]"积木

"移到 [鼠标指针]"积木的作用是让角色移动到指定的位置。如图 2-3 所示的是"移到 [鼠标指针]"积木，其参数可以在下拉框中进行选择。

（1）鼠标指针：选择参数"鼠标指针"，执行该积木后，角色会移动到鼠标指针的位置。

（2）随机：选择参数"随机"，执行该积木后，角色会移动到舞台上的随机位置。

（3）角色名：如果在编辑器中导入若干个角色，所有角色名将在该积木的下拉列表框中显示。选择角色名作为参数后，执行该积木的角色会移动到选定的角色的位置。

如图 2-4 所示，运行脚本后，角色将重复移动到舞台区的随机位置。

图　2-3

图　2-4

考点 1.2 角色面向

考点评估		考查要求
重要程度	★★★★★	1．掌握"面向（）度"积木的使用；
难度	★★☆☆☆	2．掌握"面向 [鼠标指针]"积木的使用；
考查题型	选择题、填空题、操作题	3．能够识别角色面向的方向

在使用"移动（）步"积木时，如果角色面向的方向不同，角色移动的方向也是不同的。常用来改变角色面向方向的积木有"面向（）度"积木和"面向 [鼠标指针]"积木。

1."面向（）度"积木

图　2-5

"面向（）度"积木的作用是让角色面向指定的角度。如图2-5所示的是"面向（）度"积木，它的参数是一个数值，表示角色面向的角度，可以直接使用键盘输入或者使用鼠标进行选择。

如图2-6所示的是角色面向不同角度时的朝向。

如图2-7所示，运行脚本后，角色会面向舞台下方，并向下方移动100步。

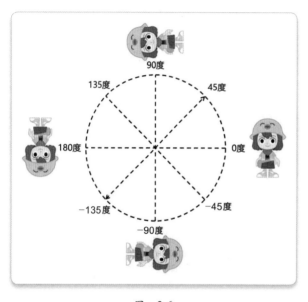

图　2-6

图　2-7

● **备考锦囊**

　　"面向（）度"积木的参数是有范围的，只能输入−180 ～ 180的数值（不包括−180）。

2."面向[鼠标指针]"积木

"面向[鼠标指针]"积木的作用是让角色面向指定的方向。如图2-8所示的是"面向[鼠标指针]"积木，它的参数可以在下拉框中进行选择。

（1）鼠标指针：选择参数"鼠标指针"，执行该积木后，角色会面向鼠标指针。

（2）随机：选择参数"随机"，执行该积木后，角色会面向随机角度。

（3）角色名：如果在编辑器中导入若干个角色，所有角色名将在该积木的下拉框中显示。选择角色名作为参数后，执行该积木的角色会面向选定的角色。

如图 2-9 所示，运行该脚本后，角色始终朝向鼠标指针。

图　2-8

图　2-9

考点 1.3　角色旋转

考　点　评　估		考　查　要　求
重要程度	★★★★★	1. 掌握"旋转（）度"积木的使用；
难度	★★☆☆☆	2. 掌握"围绕 [角色] 旋转（）度"积木的使用；
考查题型	选择题、填空题、操作题	3. 能够对角色的旋转方向进行分辨和判断

实现角色旋转效果的积木有"旋转（）度"积木和"围绕 [角色] 旋转（）度"积木。

1."旋转（）度"积木

"旋转（）度"积木的作用是使角色围绕自己的中心点旋转一定的角度。如图 2-10 所示的是"旋转（）度"积木，它的参数表示旋转角度，使用键盘输入。旋转角度为正数时，角色逆时针旋转；旋转角度为负数时，角色顺时针旋转。

图　2-10

● **备考锦囊**

角色旋转 360 度或 −360 度时，面向的方向并不会发生变化。当"旋转（）度"积木中的参数数值大于 360 时，可以减去 360 进行简化。如图 2-11 所示，两块积木实现的效果都是让角色逆时针旋转 60 度。

图　2-11

2."围绕 [角色] 旋转（）度"积木

"围绕 [角色] 旋转（）度"积木的作用是让执行该积木的角色围绕指定角色的中心点进行旋转。如图 2-12 所示的是"围绕 [角色] 旋转（）度"积木。第一个参数是角色名，在下拉框中进行选择。第二个参数是旋转角度，与"旋转（）度"积木中的参数功能相同。

图　2-12

如图 2-13 所示，为"角色 B"添加脚本，运行脚本后，"角色 B"将围绕"角色 A"逆时针转动。

图　2-13

考点 1.4　特殊移动效果设置

考点评估		考查要求
重要程度	★★★★☆	1．掌握"碰到边缘就反弹"积木的使用；
难度	★★★☆☆	2．掌握"抖动（）秒"积木的使用；
考查题型	选择题、填空题、操作题	3．掌握角色可拖动效果的设置； 4．掌握旋转模式设置的方法和各旋转模式的作用

1．"碰到边缘就反弹"积木

"碰到边缘就反弹"积木的作用是让角色碰到舞台边缘时反弹。如图 2-14 所示的脚本可实现角色在舞台上的移动和反弹。

2．"抖动（）秒"积木

"抖动（）秒"积木的作用是让角色抖动一定时间，如图 2-15 所示。它的参数是一个数值，表示抖动效果持续的时间。

3．"设置此角色 [可拖动]"积木

我们可以在属性栏中设置角色是否可拖动，也可以使用"设置此角色 [可拖动]"积木进行设置。"设置此角色 [可拖动]"积木如图 2-16 所示，其参数通过下拉框中选项进行选择。设置角色可拖动后，在运行程序时便可以使用鼠标拖曳角色。

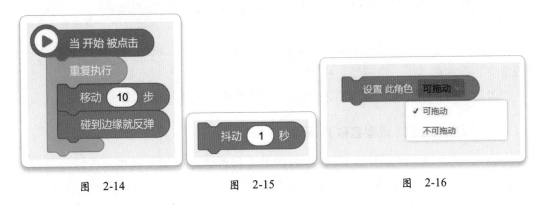

图　2-14　　　　　　　图　2-15　　　　　　　图　2-16

4．旋转模式

角色的旋转模式会影响角色旋转和面向的效果。角色的旋转模式包括自由旋转、左右翻转和禁止旋转（不旋转）。

（1）自由旋转：角色能够自由旋转。

（2）左右翻转：角色只能左右翻转。

（3）禁止旋转（不旋转）：角色无法转动。

如图 2-17 所示，角色的旋转模式能够通过属性栏手动设置，或使用"设置旋转模式为 [自由旋转]"积木在脚本中进行设置。

图　2-17

31

考点 2 角色造型切换、显示与隐藏

考点 2.1 角色造型切换

考 点 评 估		考 查 要 求
重要程度	★★★★★	1. 掌握"切换到造型 [造型名称]"积木、"切换到编号为（）的造型"积木和"下一个造型"积木的使用；
难度	★☆☆☆☆	
考查题型	选择题、填空题、操作题	2. 使用造型切换，实现动画效果

实现角色造型切换的积木有"切换到造型 [造型名称]"积木、"切换到编号为（）的造型"积木和"下一个造型"积木。

如图 2-18 所示，在"造型"面板中可以查看角色的造型编号及造型名称。

1."切换到造型 [造型名称]"积木

"切换到造型 [造型名称]"积木的作用是将角色造型切换到指定名称的造型。如图 2-19 所示的是"切换到造型 [造型名称]"积木，它的参数在下拉框中显示的是角色的造型名称。

2."切换到编号为（）的造型"积木

"切换到编号为（）的造型"积木的作用是将角色造型切换到指定编号的造型。如图 2-20 所示的是"切换到编号为（）的造型"积木，它的参数用于指定要切换到的造型编号。

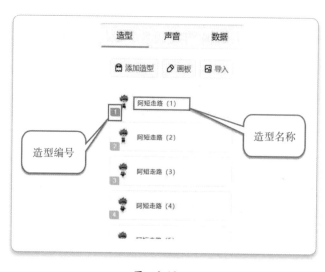

图 2-18

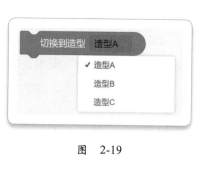

图 2-19

图 2-20

● 备考锦囊

　　在使用"切换到编号为（ ）的造型"积木时，参数值不能超出角色的造型编号。例如，当角色有 6 个造型，设置参数为 7 时，运行脚本后并不会切换角色的造型。

3．"下一个造型"积木

　　"下一个造型"积木的作用是让角色按照造型顺序切换到下一个造型，常用于实现动画效果。如图 2-21 所示，运行脚本后，角色将按照造型编号的顺序进行造型切换，达到走路的动画效果。

图　2-21

考点2.2　角色显示与隐藏

考点评估		考查要求
重要程度	★★★★☆	1．掌握角色显示和隐藏积木的使用；
难度	★☆☆☆☆	2．实现角色的显示和隐藏效果
考查题型	选择题、填空题、操作题	

　　通过属性栏可以设置角色的显示或隐藏，也可以使用积木控制角色的显示或隐藏。

1．角色的瞬间显示和隐藏

　　"显示"积木和"隐藏"积木能使角色瞬间显示或隐藏。如图 2-22 所示的是"显示"积木和"隐藏"积木。

2. 角色的逐渐显示和逐渐隐藏

"在（）秒内逐渐显示"积木和"在（）秒内逐渐隐藏"积木可实现角色的逐渐显示和隐藏。如图 2-23 所示的是"在（）秒内逐渐显示"积木和"在（）秒内逐渐隐藏"积木，它们的参数是数值，表示显示过程或隐藏过程的持续时间。

如图 2-24 所示，运行脚本后，角色将持续在显示状态和隐藏状态之间切换。

图 2-22

图 2-23

图 2-24

考点3 背景的移动和变换

考 点 评 估		考 查 要 求
重要程度	★★★★☆	1. 能够实现背景在水平方向的移动；
难度	★★☆☆☆	2. 能够实现背景造型的切换
考查题型	选择题、填空题、操作题	

在角色区中选中背景，能够为背景添加脚本，实现背景的移动、切换等效果。

1. 背景的移动

如图 2-25 所示，为背景添加脚本，运行脚本后，背景将持续向左移动，形成角色向右移动的视觉效果。

● **备考锦囊**

使用"移动（）步"积木，默认情况下只能实现背景在水平方向的移动。在专题 3 中，使用坐标相关积木能够实现背景在竖直方向的移动。

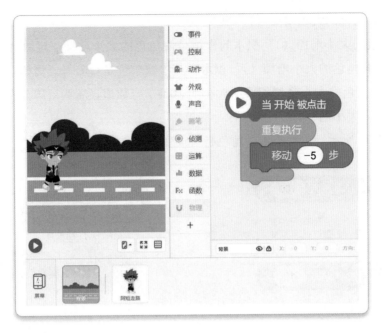

图　2-25

2．背景的切换

背景具有多个造型时，可以用造型切换相关的积木实现背景的切换。它的用法与实现角色造型切换的方法相同。

考点 4 角色外观属性的设置

考点评估		考查要求
重要程度	★★★☆☆	1. 掌握"将角色的大小设置为（）"积木和"将角色的大小增加（）"积木的使用； 2. 掌握"将角色的［宽度／高度］设置为（）"积木和"将角色的［宽度／高度增加（）"积木的使用； 3. 了解颜色、亮度和透明度特效的设置和作用
难度	★★★☆☆	
考查题型	选择题、填空题、操作题	

1．角色大小

（1）"将角色的大小设置为（）"积木

"将角色的大小设置为（）"积木的作用是设置角色的大小。如图 2-26 所示的是"将角色的大小设置为（）"积木，其参数单位是百分号。例如，将数值设置为 150，表示角色的大小将变成原始大小的 150%。

专题 2

（2）"将角色的大小增加（）"积木

"将角色的大小增加（）"积木的作用是使角色的大小增加一定数值。如图2-27所示的是"将角色的大小增加（）"积木，其参数单位是百分号。例如，将数值设置为10，表示角色的大小将增加原始大小的10%；将数值设置为–10，表示角色的大小将减小原始大小的10%。

如图2-28所示，运行脚本，角色将持续变小，最终消失。

图 2-26

图 2-27

图 2-28

2．角色宽度和高度设置

如图2-29所示，"将角色的[宽度/高度]设置为（）"积木和"将角色的[宽度/高度增加（）"积木的作用是改变角色的宽度或高度。其第二个参数的作用分别与"将角色的大小设置为（）"积木和"将角色的大小增加（）"积木中的参数作用类似。

● **备考锦囊**

改变角色的大小、高度和宽度时，角色以自身的中心点为中心放大或缩小。

3．外观特效

如图2-30所示的是"将[颜色]特效设置为（）"积木和"将[颜色]特效增加（）"积木，其作用是设置一些特殊的外观效果。常用的特效有"颜色""透明度"和"亮度"。

（1）颜色：颜色的数值范围为0～100。设置为0时，角色保持原始颜色，如果数值增大，角色的颜色也会随之发生变化。

（2）透明度：透明度的数值范围为0～100。设置为0时，角色不透明；设置为100时，角色完全透明。

图 2-29

图 2-30

（3）亮度：亮度的数值范围为 0 ~ 200。设置为 0 时，角色呈现黑色；设置为 100 时，角色保持原始亮度；设置为 200 时，角色亮度过大，以至于呈现白色。

考点 5 音乐或音效的播放

考 点 评 估		考 查 要 求
重要程度	★★☆☆☆	1. 掌握"播放声音 [ ]"积木和"播放声音 [ ] 直到结束"积木的使用，能够区分两块积木的不同；
难度	★☆☆☆☆	
考查题型	选择题	2. 掌握"停止所有声音"积木的使用

1. 声音播放

如图 2-31 所示的是"播放声音 [ ]"积木和"播放声音 [ ] 直到结束"积木，参数下拉框中显示的是已经导入的声音素材。

"播放声音 [ ]"积木在播放选择的声音素材的同时会立刻执行下面的脚本；"播放声音 [ ] 直到结束"积木需要等声音素材播放完毕，才执行下面的脚本。

如图 2-32 所示，左侧的程序会造成多个声音同时播放的现象，右侧的程序可以循环播放"背景音乐"。

图 2-31

2. 停止声音

如图 2-33 所示的是"停止所有声音"积木，它可以停止所有正在播放的声音。

图 2-32

图 2-33

考点6 侦测功能

考 点 评 估		考 查 要 求
重要程度	★★★★☆	1. 了解侦测功能积木的功能和作用；
难度	★★★☆☆	2. 掌握常用侦测功能的使用，如鼠标、键盘、碰到角色、碰到颜色、碰到边缘等
考查题型	选择题、填空题、操作题	

1. 侦测功能积木

如图 2-34 所示，侦测功能积木用于侦测角色、舞台、鼠标和键盘等的状态，常用在条件结构中或与"当 [ ]"积木构建成"事件触发"。

2. 鼠标状态侦测

如图 2-35 所示的是"鼠标 [按下 / 点击 / 放开]"积木，它的作用是侦测鼠标的状态。

图 2-34

图 2-35

"鼠标 [按下 / 点击 / 放开]"积木可选参数说明如下所示。

（1）按下：侦测鼠标左键是否为按下状态,结果为 true（成立）或 false（不成立）。

（2）点击：侦测鼠标左键是否完成一次点击操作,结果为 true（成立）或 false（不成立）。

放开：侦测鼠标左键是否为松开完成，结果为 true（成立）或 false（不成立）。

3．键盘的状态侦测

如图 2-36 所示的是"[按下 / 放开] 按键 [a/b/c/...]"
积木，它的作用是对按键的状态进行侦测。

图　2-36

"[按下 / 放开] 按键 [a/b/c/...]"积木可选参数说明
如下所示。

（1）按下：侦测键盘上某一按键是否为按下的状态，
结果为 true（成立）或 false（不成立）。

（2）放开：侦测键盘上某一按键是否完成了一次放开操作，结果为 true（成立）
或 false（不成立）。

"[按下 / 放开] 按键 [a/b/c/...]"积木能够对多数按键进行侦测，包含数字、字母、
方向、空格、回车等。

图　2-37

4．"[自己] 碰到 [ ]"积木

如图 2-37 所示的是"[自己] 碰到 [ ]"积木，
它的作用是对角色碰到的其他角色或边缘等
状态进行侦测。第一个参数可以选择"自己"
或者角色名，第二个参数可以选择角色名或边
缘等。

第二个参数的说明如下所示。

（1）角色名：侦测是否碰到指定角色。

（2）边缘：侦测是否碰到舞台边缘，还可以
选择上边缘、下边缘、左边缘和右边缘。

（3）鼠标指针：侦测是否碰到鼠标指针。

5．"[自己] 碰到颜色（）"积木

如图 2-38 所示的是"[自己] 碰到颜色（）"积木，它的作用是检测角色是否碰
到指定颜色。第一个参数可以选择"自己"或指定角色，第二个参数是颜色，可以
设置或在舞台上选取。

6．"离开 [边缘]"积木

如图 2-39 所示的是"离开 [边缘]"积木，它的作用是侦测角色是否离开舞台
的边缘。参数可以选择边缘、上边缘、下边缘、左边缘和右边缘。

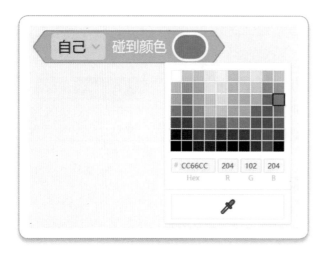

图 2-38   图 2-39

● 备考锦囊

注意区分"离开[边缘]"积木和"[自己]碰到[边缘]"积木的区别。

使用"离开[边缘]"积木时,角色完全离开舞台,侦测结果才是 true(成立);使用"[自己]碰到[边缘]"积木时,角色碰到舞台边缘或完全离开舞台,侦测结果都是 true(成立)。

 考点 7　程序的输入和输出

考 点 评 估		考 查 要 求
重要程度	★★★★☆	1. 掌握"新建对话框()"积木的使用;
		2. 掌握对话功能积木的使用;
难度	★★☆☆☆	3. 掌握"询问()并等待"积木与"获得答复"积木的组合使用;
考查题型	选择题、填空题、操作题	4. 掌握"询问()并选择()"积木、"获得选择"积木和"获得选择项数"积木的组合使用

1."新建对话框（）"积木

如图 2-40 所示的是"新建对话框()"积木,它的作用是以对话框的形式在舞台上输出文本信息。

如图 2-41 所示,运行脚本后,舞台上新建对话框显示"你好!"。

图　2-40

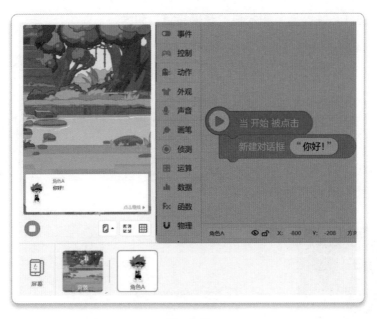

图　2-41

● **备考锦囊**

在使用"新建对话框（）"积木时会对程序产生阻塞，即单击"新建对话框（）"积木产生的对话框后，程序才会继续向下执行。

2．对话功能

如图 2-42 所示的是"[对话 / 思考]（）"积木和"[对话 / 思考]（）持续（）秒"积木，它们的作用是让角色显示文本信息。

在使用"[对话 / 思考]（）持续（）秒"积木时，角色的对话效果会持续指定的时间长度。运行如图 2-43 所示的脚本,角色会显示"Hi"2 秒,然后再移动 100 步。

图　2-42

图　2-43

专题2

3. "询问（）并等待"积木与"获得答复"积木

如图 2-44 所示的是"询问（）并等待"积木与"获得答复"积木。"询问（）并等待"积木的作用是在舞台上输出文本信息，并弹出一个能够输入信息的对话框。"获得答复"积木的作用是能够得到输入的信息。

运行如图 2-45 所示的脚本，并输入"阿短"，就会出现如图 2-46 所示的舞台效果。

图　2-44

图　2-45

图　2-46

4."询问（）并选择（）"积木、"获得选择"积木和"获得选择项数"积木

如图 2-47 所示的是"询问（）并选择（）"积木、"获得选择"积木和"获得选择项数"积木。

图 2-47

"询问（）并选择（）"积木的作用是在舞台上输出文本信息并弹出选项，用户可以使用鼠标进行选择。选项的个数可以通过积木上的"+"与"−"按钮进行添加或减少，最多选取 4 个。

"获得选择"积木的作用是能够调用选择选项的文本信息。

"获得选择项数"积木的作用是能够调用选择的选项对应的序号：1、2、3、4。

运行如图 2-48 所示的脚本，并选择选项"B"，会出现如图 2-49 所示的舞台效果。

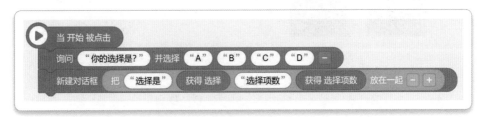

图 2-48

图 2-49

考点探秘

▶ 考题 1

"雷电猴"和"呆鲤鱼"在玩游戏。如图2-50所示,"呆鲤鱼"在初始位置,面向0度方向,运行脚本后,"呆鲤鱼"会出现在（   ）位置。

注:角色旋转角度为正数时,旋转方向为逆时针方向。角色面向0度是指面向右边。

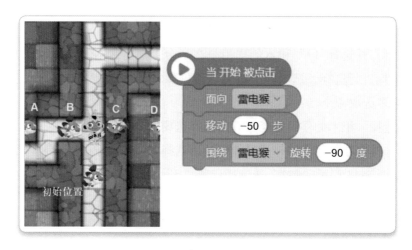

图 2-50

A. A   B. B   C. C   D. D

※ 核心考点

考点1：角色的运动及旋转。

※ 思路分析

题目给出了角色的初始位置和脚本,要求判断运行脚本后角色的位置。只需要逐步分析运行每一块积木后角色的位置和方向,就能找到正确答案。

※ 考题解答

"呆鲤鱼"的初始状态是面向0度,运行"面向[雷电猴]"积木后,"呆鲤鱼"面向"雷电猴"。"移动（-50）步"积木使角色在自己面向的方向上后退50步（即向舞台区下方移动50步）。"围绕[雷电猴]旋转（-90）度"积木是让"呆鲤鱼"围绕"雷电猴"的中心点顺时针旋转90度。因此"呆鲤鱼"移动到了A位置,故答案是A。

※ **考法剖析**

　　角色的旋转、面向与移动等积木通常会放在一起进行使用和考查，考生需分析清楚角色面向的角度和移动的距离。

　　例如图 2-51 所示的两组脚本，它们在具体情景中都有不同的应用。左边的脚本让角色面向 120 度的方向移动 10 步；右边的脚本让角色面向"障碍物"，然后向反方向移动 100 步。

图　2-51

> ## 考题 2

　　（真题·2019 年 12 月）舞台上某一角色，它的脚本如图 2-52 所示。以下选项正确的是（　　　）。

　　A．角色将在舞台上做往复运动

　　B．角色将在舞台上沿着正方形路径运动

　　C．角色将在舞台上运动，一段时间后
　　　　离开舞台

　　D．以上说法均不正确

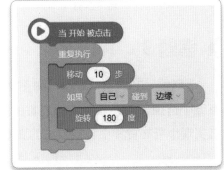

※ **核心考点**

　　考点 1：角色的运动及旋转。

　　考点 6：侦测功能。

图　2-52

※ **思路分析**

　　题目已给出脚本，要求考生预测运行效果，考查考生的程序阅读能力。

※ 考题解答

脚本中有循环结构，脚本运行后会一直重复执行循环结构中的积木块。角色一直向前移动，当侦测到自己碰到舞台边缘时，角色会旋转 180 度，然后原路返回，直到再次碰到舞台边缘。根据以上分析可以知道，角色将会在舞台上做往复运动，因此答案是 A。

※ 考法剖析

角色在舞台上的反弹运动或往复运动是编程中常用到的功能，也是常见考法。

如图 2-53 所示，脚本能让角色在舞台上移动，当碰到边缘时实现反弹效果。当角色移动的方向在舞台上是水平或竖直的时候，这种反弹运动就会简化成往复移动。

如图 2-54 所示，还可以使用"碰到边缘就反弹"积木，实现角色的反弹效果。

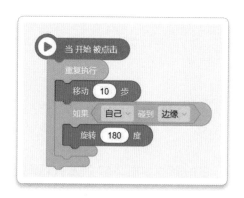

图 2-53

图 2-54

▶ 考题 3

（真题·2019 年 12 月）如图 2-55 所示，小可有五个造型，切换后能实现连贯的走路动作。请问能实现小可在树林中漫步效果的脚本是（　　）。

图 2-55

A.　　　　　　　　B.

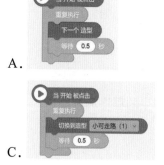

C.　　　　　　　　D. 以上选项都不能实现效果

※ 核心考点

考点 2：角色造型切换、显示与隐藏。

※ 思路分析

本题主要考查"切换到造型 [ ]"积木的使用，要求考生能区分"切换到造型 [ ]"积木的不同作用。

※ 考题解答

根据题意可知，小可实现连贯的走路动作需要五个造型依次循环切换。

选项 A 中，使用"下一个造型"积木能够让小可持续切换到下一个造型，实现一个连贯的走路动作，故选项 A 正确。选项 B 和选项 C 中，分别使用"切换到编号为（1）的造型"积木和"切换到造型 [小可走路（1）]"积木，使角色一直处于第一个造型的状态，不能实现连贯的走路动作，故选项 B、C 错误。因此答案是 A。

※ 考法剖析

"切换到造型 [ ]"积木常见的考法是将三种造型切换积木混合进行使用。

▶ 考题 4

（真题·2019 年 12 月）如图 2-56 所示，要实现汽车角色在视觉上有向上运动的效果，"背景"的脚本是（ ）。

A.

B.

图 2-56

C. D.

※ 核心考点

考点 3：背景的移动和变换。

专题 2

※ 思路分析

此题要求考生判断角色相对于背景的移动方向，因此需先根据角色相对背景的移动方向分析出背景的移动方向，然后找出背景的正确脚本。

※ 考题解答

由题意"汽车角色在视觉上有向上运动的效果"可知，背景角色应该往下移动；角色在竖直方向上的移动需要使用"将 [y] 坐标增加 ( )"积木实现，故排除选项 A、D。背景往下运动，y 坐标是不断减小的，y 坐标的数值应变小，故排除选项 B。因此答案是 C。

※ 举一反三

如图 2-57 所示的是忍者阿短跑酷游戏。图 2-58 是背景的脚本，图 2-59 是金币的脚本。如果想使金币随着背景同步向左移动，金币的脚本中"？"处应填写的是＿＿＿＿＿。

图 2-57

图 2-58

图 2-59

考题 5

运行脚本，如图 2-60 所示，按下空格，舞台效果是（　　）。

A．角色变大　　　　　B．角色变小

C．角色高度增加　　　D．角色宽度增加

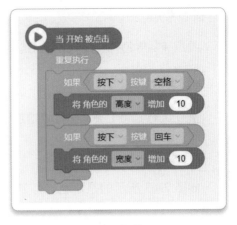

图　2-60

※ 核心考点

考点 4：角色外观属性的设置。

考点 6：侦测功能。

※ 思路分析

题干问按下空格，舞台效果是什么，因此只需要关注按下空格后程序运行的效果。

※ 考题解答

按下空格，第一个分支结构中的侦测条件返回的结果是 true，"将角色的 [高度] 增加（10）"积木会重复被执行，角色的高度会增加，因此答案是 C。

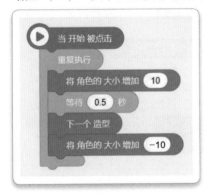

图　2-61

※ 举一反三

如图 2-61 所示的是角色的脚本，程序运行过程中，角色会（　　）。

A．先变大再变小就不动了

B．先变小再变大就不动了

C．持续先变大再变小

D．持续先变小再变大

考题 6

如图 2-62 所示的是角色"灯笼"的脚本，当收到广播"灯笼出现"后，舞台效果是（　　）。

A．灯笼变大　　　　B．灯笼逐渐消失

C．灯笼逐渐变亮　　D．灯笼逐渐变黑

图　2-62

※ **核心考点**

考点 4：角色外观属性的设置。

※ **考题解答**

重复执行"将 [亮度] 特效增加（）"积木，角色亮度逐渐增加，因此答案是 C。

※ **举一反三**

如图 2-63 所示的是角色"灯笼"的脚本，当收到广播"灯笼出现"后，舞台效果是（   ）。

A．灯笼变大
B．灯笼逐渐消失
C．灯笼逐渐变亮
D．灯笼逐渐变黑

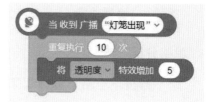

图　2-63

考题 7

以下能够实现在游戏过程中重复且正常地播放背景音乐的脚本是（   ）。

A.　　　　　　　　　　　　　　　　B.

C.　　　　　　　　　　　　　　　　D.

※ **核心考点**

考点 5：音乐或音效的播放。

※ **思路分析**

此题主要是判别两种播放声音积木的不同应用，考生需要分析"播放声音 [ ]"积木和"播放声音 [ ] 直到结束"积木的异同。

※ 考题解答

重复播放背景音乐，需要使用"重复执行"积木，所以排除选项 C 和选项 D。在选项 A 中，直接把"播放声音 [ ]"积木放到"重复执行"积木里面会造成很多声音同时播放的现象，因此答案是 B。

考题 8

（真题·2019 年 12 月）阿短在编写一个古诗接龙的游戏，给出上句，选择正确的下句。如图 2-64 所示，下列脚本实现的是诗句"白日依山尽，黄河入海流"的接龙。脚本中"?"处应填写的是（　　）。

图　2-64

A. 0　　　　B. 1　　　　C. 2　　　　D. 黄河入海流

※ 核心考点

考点 7：程序的输入和输出。

※ 思路分析

根据题意可知，脚本实现的是"白日依山尽，黄河入海流"的接龙，因此需要分析正确的选择项数是哪一个，然后分析分支结构的逻辑。

※ 考题解答

根据脚本可以知道，正确的选择是"黄河入海流"，正确的选择项数是 1。在分支结构中，第一个分支输出的是"回答正确"，即脚本运行后，选择第一个选项，程序会运行分支结构中的第一个分支，因此"?"处应填写的是 1，答案是 B。

巩固练习

1. 以下脚本中能使角色顺时针旋转的是（ ）。

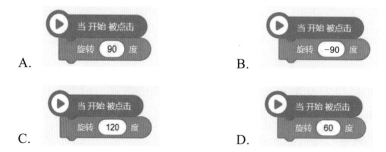

2. 使角色产生的效果与图 2-65 所示不一致的选项是（ ）。

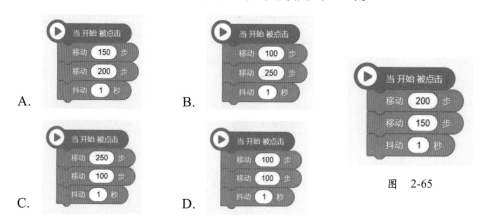

图 2-65

3. 如图 2-66 所示的是角色"鲤鱼"的初始状态。运行下列脚本后，角色"鲤鱼"将出现在（ ）。

注：旋转角度为正值，表示沿逆时针方向旋转。

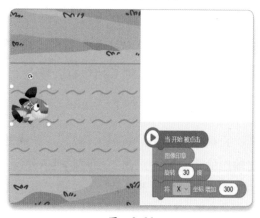

图 2-66

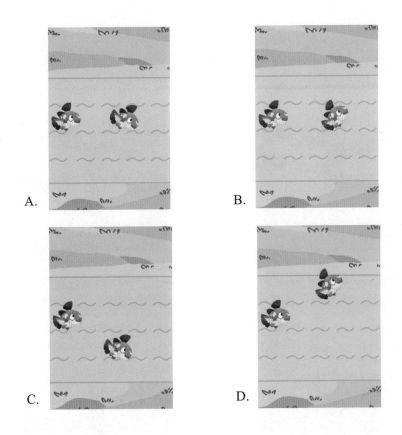

4．如图 2-67 所示，角色"老鼠"的初始面向角度为 0 度。运行脚本后，"老鼠"的位置正确的是（　　　）。

注：旋转角度为正值,表示逆时针方向旋转。

图 2-67

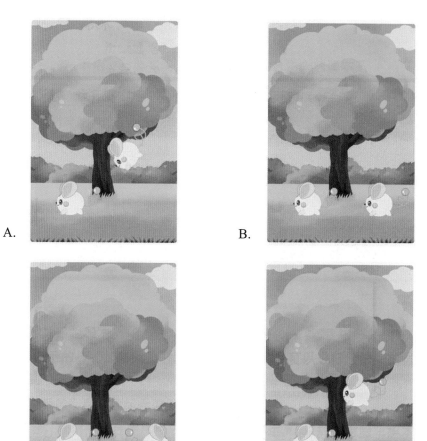

A.　　　　　　　B.

C.　　　　　　　D.

5．以下能实现角色"逐渐隐藏"效果的是（　　　）。

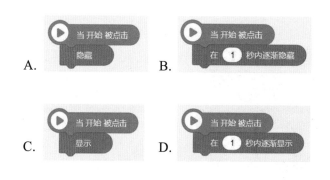

A.　　　　　　　B.

C.　　　　　　　D.

6．如图 2-68 所示，角色"骰子"有 6 个造型。初始状态下，"骰子"显示的点数是"1"。不能让"骰子"显示点数为"4"的脚本是（　　　）。

图　2-68

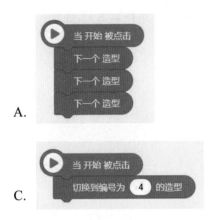

A.

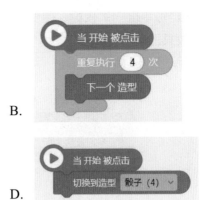

B.

C.

D.

7．小可为了学习中国传统文化，决定利用课外时间阅读四大名著。运行如图 2-69 所示的脚本后，所切换到的造型就是小可准备阅读的第一本书。这本书是（　　）。

　　A．《红楼梦》

　　B．《水浒传》

　　C．《三国演义》

　　D．《西游记》

图　2-69

8．角色持续向舞台区右方移动，碰到边缘就停止，则雷电猴的脚本是（　　）。

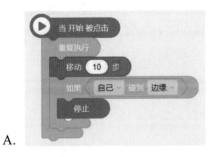

A.

B.

C.

D.

9. 每单击一次鼠标，使变量"浇水"增加 1 且角色高度增加 10。能正确实现上述效果的是（　　）。

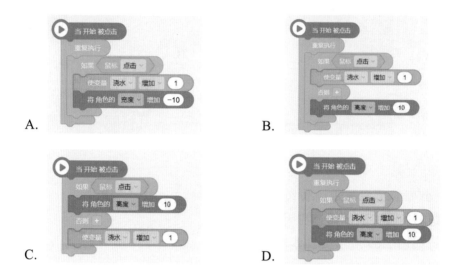

A.　　　　　　　　　　　　　　　　　　B.

C.　　　　　　　　　　　　　　　　　　D.

10. 《千里江山图》是北宋王希孟创作的中国十大传世名画之一。该作品以长卷形式，立足传统，画面细致入微，烟波浩渺的江河、层峦起伏的群山构成了一幅美妙的江南山水图。如图 2-70 所示，小可编写了一段脚本，考查阿短对国家文物知识的了解情况，则"？"处应填写的是 _____。

注：勿填写空格或换行。

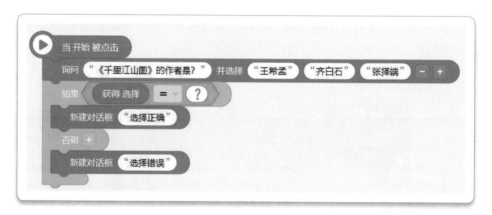

图　2-70

二维坐标系

日常生活中，你可能这样回答问路的人："向前走五百米，然后左转"；你也可能拿着地图，告诉朋友："北京的大概位置是北纬 39°、东经 116°"。由此可见，我们可以使用多种方法来表示位置。

在 Kitten 编辑器的舞台中，每个角色同样有位置。它是由二维坐标系来表示的。那么什么是二维坐标系呢？本专题，我们一起来探究二维坐标系。

考查方向

★ 能力考评方向

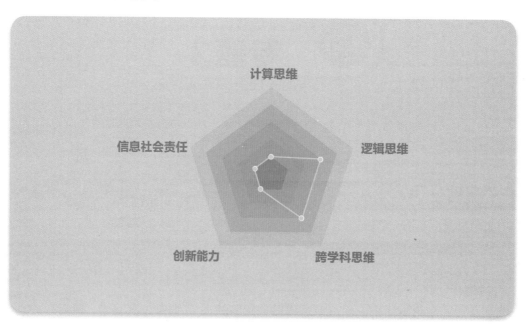

★ 知识结构导图

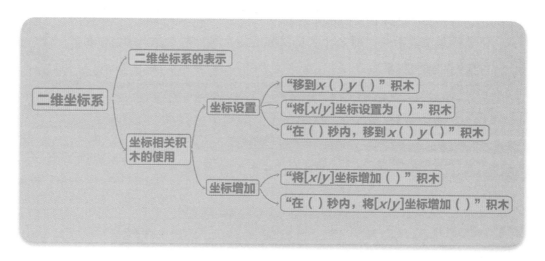

考点清单

 考点 1　二维坐标系的表示

考点评估		考查要求
重要程度	★★★★☆	1. 能够打开和关闭舞台区的二维坐标系；
难度	★☆☆☆☆	2. 能够区分二维坐标系的 x 轴和 y 轴，知道各方向上坐标值的变化规律；
考查题型	选择题、填空题、操作题	3. 掌握使用坐标值表示角色位置的方法

1．打开和关闭舞台区的二维坐标系

如图 3-1 所示，单击图中所指的按键，能够打开或关闭舞台区的二维坐标系。

❶ 单击按钮，打开二维坐标系　　　❷ 再次单击按钮，关闭二维坐标系

图　3-1

2．二维坐标系的组成

如图 3-2 所示，二维坐标系由 x 和 y 两条互相垂直的轴线构成。

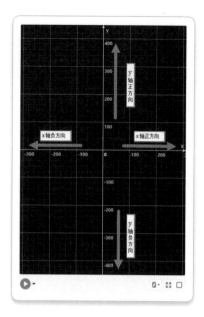

图　3-2

x、y 这两条轴线是有方向的。

x 轴正方向：从左至右，数值逐渐增加。

x 轴负方向：从右至左，数值逐渐减小。

y 轴正方向：从下至上，数值逐渐增加。

y 轴负方向：从上至下，数值逐渐减小。

3．使用二维坐标系表示角色的位置

我们通常使用一对数值来表示角色在二维坐标系中的位置（即中心点的位置）。如图 3-3 所示，角色"大黄鸡"的坐标为 x：100，y：200，可以简写为（100，200）。

我们可以通过直接拖动角色或者修改属性栏中角色的坐标值来改变角色的位置。

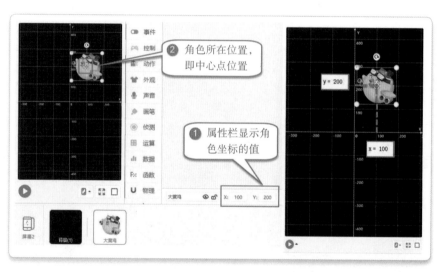

图　3-3

● 备考锦囊

角色的位置是指角色中心点所在的位置。角色的中心点并不固定，可以通过鼠标拖动进行改变。

如图 3-4 所示，角色"坦克"的坐标值是（135，−10）。单击"坦克"，拖动中心点，它的坐标值会发生变化。

图　3-4

考点2 坐标相关积木的使用

考点2.1 坐标设置

考点评估		考查要求
重要程度	★★☆☆☆	1. 掌握"移到 x（）y（）"积木的使用； 2. 掌握"将 [x/y] 坐标设置为（）"积木和"在（）秒内，移到 x（）y（）"积木的使用； 3. 理解和区分"将 [x/y] 坐标设置为（）"积木和"在（）秒内，移到 x（）y（）"积木的异同点，能在不同场景中灵活选用
难度	★☆☆☆☆	
考查题型	选择题、填空题、操作题	

1. 坐标设置

实现坐标设置效果的积木能够通过设定角色的坐标数值，将角色精准定位到某个位置。坐标设置的积木有以下3种。

（1）"移到 x（）y（）"积木

如图3-5所示的是"移到 x（）y（）"积木，它的作用是将角色瞬间移到指定的坐标位置。

图 3-5

如图3-6所示，角色"大黄鸡"的初始位置是 $(-83, -177)$，启动程序后，"大黄鸡"将会瞬间移到舞台正中心 $(0,0)$。

图 3-6

（2）"将 [x/y] 坐标设置为（）"积木

如图 3-7 所示的是"将 [x/y] 坐标设置为（）"积木，它的作用是将角色的 x 坐标或 y 坐标设置成指定数值。

图 3-7

如图 3-8 所示，角色"大黄鸡"的初始位置是（−83，−177），启动程序后，"大黄鸡"会瞬间移到坐标（100，−177）的位置。

图 3-8

（3）"在（）秒内，移到 x（）y（）"积木

如图 3-9 所示的是"在（）秒内，移到 x（）y（）"积木，它的作用是将角色移到指定位置，但这个过程是在指定的时间内完成的。

图 3-9

如图 3-10 所示，角色"大黄鸡"的初始位置是（−83，−177），启动程序后，"大黄鸡"将会用 5 秒的时间，从左下角缓缓移到舞台正中间（0，0）。

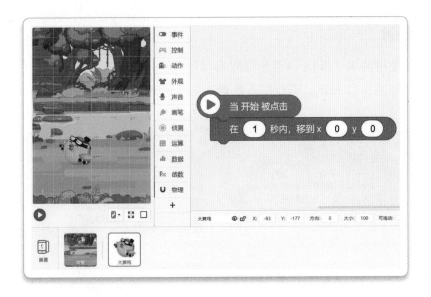

图 3-10

2. 区分"移到 x ( ) y ( )"积木和"在 ( ) 秒内, 移到 x ( ) y ( )"积木的异同点

"移到 x ( ) y ( )"积木和"在 ( ) 秒内, 移到 x ( ) y ( )"积木都能让角色移到指定的位置, 但是它们的移动效果并不一样。

如图 3-11 所示, 角色"鱼"的初始位置是 $(-200, -300)$, 角色"猴子"的初始位置是 $(200, -300)$。运行它们的脚本, 可以明显地看出这两块积木产生的移动效果不同, "鱼"瞬间移到了舞台中心, "猴子"缓慢地移到了舞台中心。

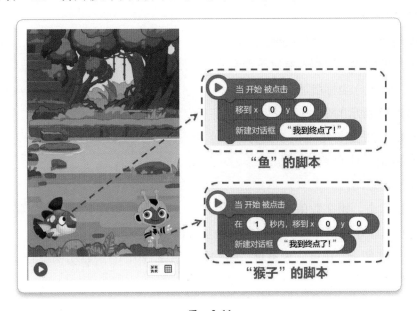

图 3-11

● **备考锦囊**

可以使用两块"将 [x/y] 坐标设置为（）"积木实现"移到 x（）y（）"积木的效果。如图 3-12 所示，两组脚本都能让角色移到坐标值（200，300）的位置。

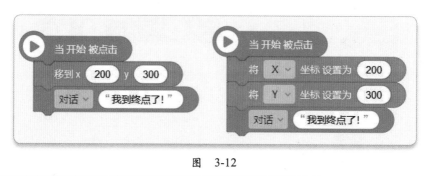

图　3-12

考点 2.2　坐标增加

考 点 评 估		考 查 要 求
重要程度	★★★★☆	1. 掌握"将 [x/y] 坐标增加（）"积木和"在（）秒内，将 [x/y] 坐标增加（）"积木的使用；
难度	★★☆☆☆	2. 理解和区分"将 [x/y] 坐标增加（）"积木和"在（）秒内，将 [x/y] 坐标增加（）"积木的异同点，能在不同场景中灵活选用
考查题型	选择题、填空题、操作题	

1．坐标增加

增加角色坐标值的积木能够让角色产生移动效果。坐标增加的积木有以下两种。

（1）"将 [x/y] 坐标增加（）"积木

如图 3-13 所示的是"将 [x/y] 坐标增加（）"积木，它的作用是将角色的 x 坐标或 y 坐标增加一定数值，让角色在 x 方向或 y 方向上瞬间移动一定距离。

图　3-13

在此积木中，距离数值若为正数，角色向 x 轴正方向或 y 轴正方向移动；距离数值若为负数，角色向 x 轴负方向或 y 轴负方向移动。

如图 3-14 所示，角色"大黄鸡"的初始位置是（0，0）。启动程序后，"大黄鸡"会瞬间移到坐标值为（-50，0）的位置。

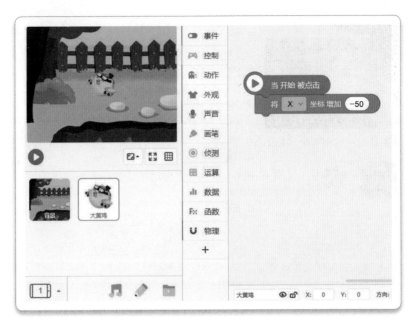

图 3-14

(2)"在（）秒内，将 [x/y] 坐标增加（）"积木

如图 3-15 所示的是"在（）秒内，将 [x/y] 坐标增加（）"积木，它的作用是让角色在 x 方向或 y 方向上移动一定距离，但这个过程是在指定的时间内完成的。

图 3-15

在此积木中，距离数值若为正数，角色向 x 轴正方向或 y 轴正方向移动；距离数值若为负数，角色向 x 轴负方向或 y 轴负方向移动。

如图 3-16 所示，角色"大黄鸡"的初始位置是（0，0）。启动程序后，"大黄鸡"将用 1 秒的时间缓缓滑动到坐标值为（0，200）的位置。

2．区分绝对位移和相对位移

"移到 x（）y（）"积木、"将 [x/y] 坐标设置为（）"积木和"在（）秒内，移到 x（）y（）"，这三块积木都能对角色的坐标进行设置，使角色移到指定的位置，而不用考虑角色此前在什么位置。因此，这类积木实现了角色的绝对位移。

65

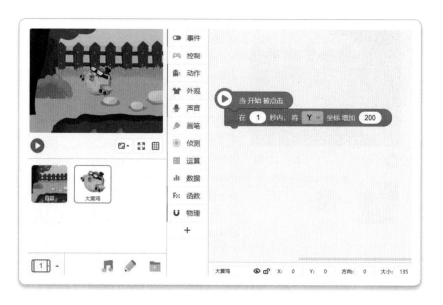

图　3-16

如图 3-17 所示，角色"阿短"和角色"熊冬眠"位于不同位置，为这两个角色分别添加图中所示的脚本。运行程序后，两个角色都移到坐标值为（100,100）的位置（见图 3-18）。

图　3-17

图　3-18

"将 [*x*/*y*] 坐标增加（）"积木和"在（）秒内，将 [*x*/*y*] 坐标增加（）"积木可对角色的坐标值进行累加。使用这类积木后，角色的位置和角色此前的位置是有关的，因此叫作相对位移。

如图 3-19 所示，为这两个角色分别添加图中所示的脚本，角色相对于自身分别在 *x* 方向和 *y* 方向移动了 100（见图 3-20）。

图　3-19

图　3-20

考点探秘

考题 1

小明编写了一个程序，模拟超市里水果摆放的位置。已知草莓的坐标为（300，100），香蕉的坐标为（–200，200），西瓜的坐标为（300，300），芒果的坐标为（200，–200）。下列选项中比较符合小明模拟的水果地图的是（　　）。

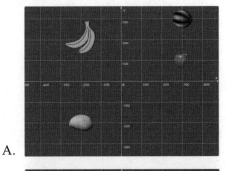

A.

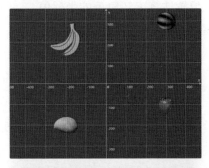

B.

C.

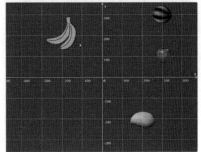

D.

※ **核心考点**

考点 1：二维坐标系的表示。

※ **思路分析**

该题目给出了四个角色的坐标值，只需根据坐标值将角色一一对应到二维坐标系里就能够得出角色正确的分布情况。

※ **考题解答**

草莓的坐标为（300，100），位于舞台右上部分；香蕉的坐标为（−200，200），位于舞台左上部分；西瓜的坐标为（300，300），位于舞台右上部分；芒果的坐标为（200，−200），位于舞台右下部分。因此答案是 D。

※ **考法剖析**

此题主要考查使用二维坐标系表示角色位置的方法。常见的考法有：

（1）给出几个角色的坐标值，让考生选择正确的角色分布。

（2）给出几个坐标值已知的角色和一个坐标值未知的角色，让考生根据角色之间的相对位置估算未知角色的坐标值。

※ **举一反三**

如图 3-21 所示，一棵神奇的树上结出了四种水果。草莓的坐标值是（−100，300），西瓜的坐标值是（200，50）。桃子的坐标值最有可能是下列选项中的（   ）。

图 3-21

A．（−100，200）   B．（−100，50）

C．（300，200）   D．（300，50）

> **考题 2**

（真题·2019 年 12 月）如图 3-22 所示，每一个方格的宽度和长度都是 100。要让角色"雷电猴"拿到苹果，应添加脚本（   ）。

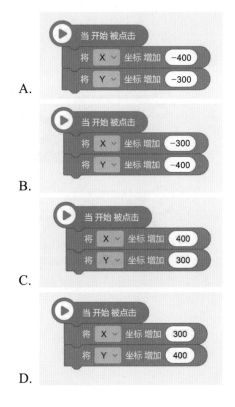

A.

B.

C.

D.

图　3-22

※ 核心考点

考点 2：坐标相关积木的使用。

※ 思路分析

本题给出了两个角色（分别是角色 A 和角色 B）的位置，考查通过坐标增加积木实现角色 A 移到角色 B 位置的方法。因此，只需要理清以下信息即可完成移动。

（1）角色 A 和角色 B 分别在 x 轴和 y 轴方向上相差的距离。

（2）角色 A 移动的方向。

※ 考题解答

"雷电猴"要拿到苹果，需要从当前位置向右（x 轴正方向）移动 3 个格子，再向上（y 轴正方向）移动 4 个格子。由于每个格子都是正方形，边长为 100，故"雷电猴"的 x 坐标需要增加 3×100=300，y 坐标需要增加 4×100=400。因此答案是 D。

※ 考法剖析

坐标增加积木的混合使用是常见的一种考查方法，考生需熟练区分 x 轴、y 轴的方向，同时要注意距离数值的正负。

考题 3

角色在舞台的左下角，不能实现使该角色移到舞台中心的脚本是（　　）。

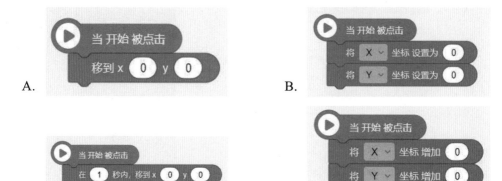

A.　　　　　　　　　　　　　　　B.

C.　　　　　　　　　　　　　　　D.

※ 核心考点

考点 2.1：坐标设置。

考点 2.2：坐标增加。

※ 思路分析

题干要求找出不能使角色移到舞台中心的脚本，因此需对各脚本进行分析，判断执行脚本后，角色出现的位置。

分析过程中需理清下面两点信息。

（1）积木实现的是绝对位移还是相对位移。

（2）积木中的坐标参数（x 或 y）和距离参数（距离参数的正负和数值）。

※ 考题解答

选项 A、B 和 C 都能对坐标进行设置，让角色移到（0，0）位置，属于绝对位移。选项 D 是对坐标进行增加，属于相对位移，脚本运行后，角色并没有发生移动。因此答案是 D。

考题 4

如图 3-23 所示，角色"气球鼠"的初始位置在舞台中心。运行图中所示的脚本后，"气球鼠"会遇到（　　）。

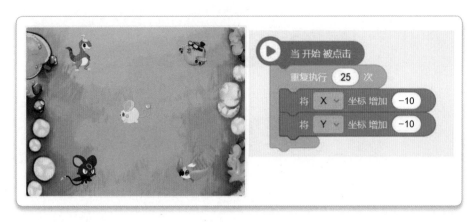

图 3-23

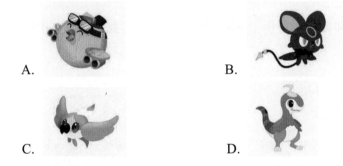

A.

B.

C.

D.

※ 核心考点

考点 2.2：坐标增加。

※ 思路分析

此题要求考生分析角色"气球鼠"执行脚本后的移动方向。可以通过比较"气球鼠"与其他角色的相对位置，再结合脚本，判断正确的选项；也可以计算出"气球鼠"执行完脚本后的位置，再判断最有可能碰到哪个角色。

※ 考题解答

根据脚本可知，角色的 x 坐标值和 y 坐标值都在持续减小，只有选项 B 的角色的 x 坐标值和 y 坐标值分别都比"气球鼠"对应的 x 坐标值和 y 坐标值小。因此答案是 B。

※ 考法剖析

坐标设置积木与循环结构综合使用能实现角色持续地移动，是比较常见的用法。如图 3-24 所示，需要考生能够掌握类似的结构，并能判断移动方向或计算移动距离。

专题3

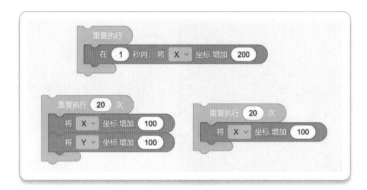

图 3-24

※ 举一反三

在编程中，我们经常需要实现角色上下跳跃的功能。下列脚本中能实现这个功能的是（　　）。

A.

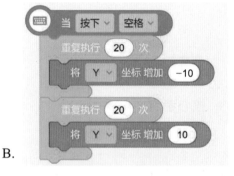

B.

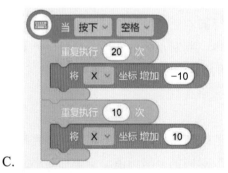

C.

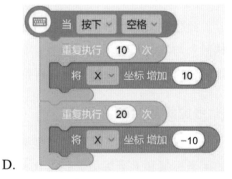

D.

巩固练习

1. 如图 3-25 所示的角色中，坐标值最有可能是（100，200）的是（　　）。

A．A　　　　　　B．B　　　　　　C．C　　　　　　D．D

图 3-25

2．如图 3-26 所示，所有角色的中心点都在它的正中心。鱼的坐标是（0，300），小车的坐标是（0，-300），奖杯的坐标可能是（　　）。

A．（0，300） B．（0，-300）

C．（0，0） D．（300，-300）

3．如图 3-27 所示，已知"信"的坐标是（200，-100），"飞镖"的坐标是（200，300），在下列选项中可以帮助角色"忍者阿短"收集到"信"和"飞镖"的积木脚本是（　　）。

图 3-26

图 3-27

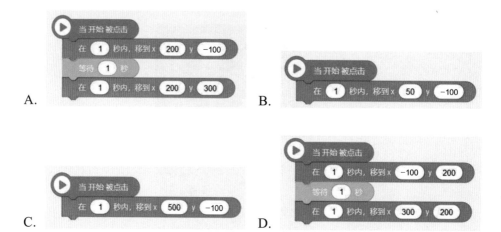

4. 下列选项的脚本中，让角色移到的位置与其他三个不同的是（   ）。

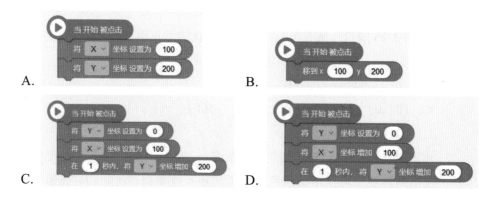

5. 运行如图 3-28 所示的脚本，30 秒后，角色（   ）。

图 3-28

A．向上移动 300   B．向上移动 200

C．向左移动 200   D．向下移动 300

专题4

画板编辑器的基本使用

在使用图形化编辑器进行创作时，需要用到很多角色素材，当无法找到合适的素材时，该怎么办呢？答案是可以利用画板编辑器来绘制一个。本专题，我们一起来学习如何使用画板绘制角色。

考查方向

★ 能力考评方向

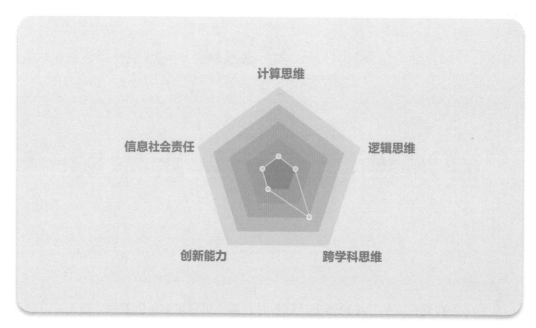

★ 知识结构导图

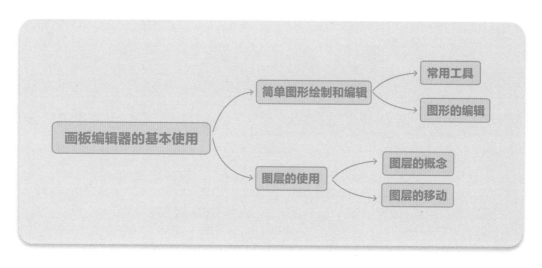

考点清单

考点1　简单图形绘制和编辑

考 点 评 估		考 查 要 求
重要程度	★★★☆☆	1．能够使用基本工具，绘制简单图形；
难度	★☆☆☆☆	2．了解图形的复制和删除
考查题型	操作题	

　　画板编辑器是绘制图形、设计角色或造型的工具。如图4-1所示，单击"画板"按钮，打开画板编辑器。

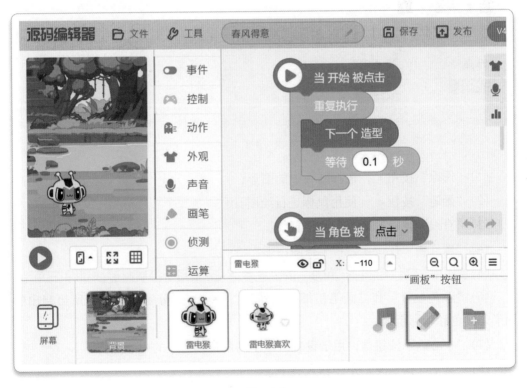

图　4-1

1．常用工具

　　如图4-2所示的是画板编辑器的界面。画板编辑器中常用的按钮有"选取""画笔""直线""圆形""矩形""三角形""文字""橡皮擦""中心点""颜色设置"和"画笔粗细"等。

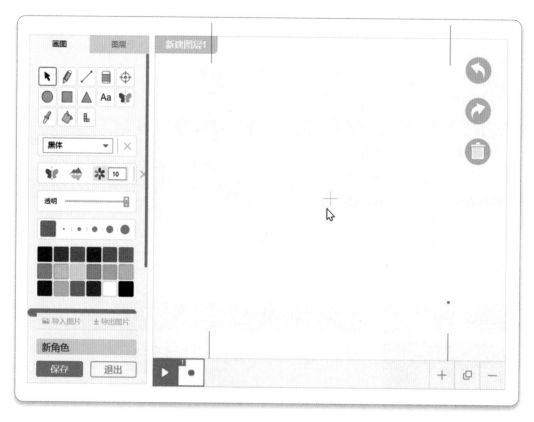

图 4-2

(1)"选取"按钮 ▸，选择画板中的图形。

(2)"画笔"按钮 ✎，使用鼠标进行绘图。

(3)"直线"按钮 ╱，用于绘制直线。

(4)"橡皮擦"按钮 ▤，用于擦除图形。

(5)"圆形""矩形"和"三角形"按钮 ● ■ ▲，分别用于绘制圆形、矩形和三角形。

(6)"颜色设置"和"画笔粗细"按钮 ■ · · ● ●，分别用于设置所绘制出的图形的颜色和轮廓粗细。

(7)"中心点"按钮 ⊕，用于设置所绘制的角色或造型的中心点。

(8)"文字"按钮 Aa，用于输入文字。

2.图形的编辑

使用画板编辑器，有时需要对图形进行复制、粘贴和删除等操作。图4-3所示的是画板编辑器中常用编辑操作的介绍。

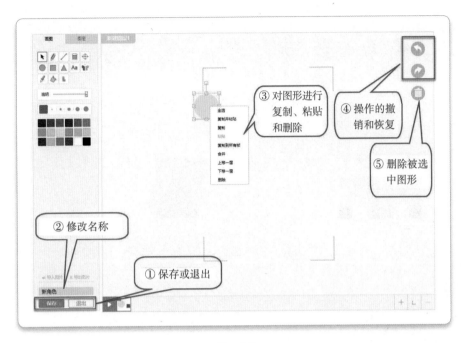

图　4-3

　考点 2　图层的使用

考 点 评 估		考 查 要 求
重要程度	★★☆☆☆	1．了解图层次序对组合图形的影响；
难度	★☆☆☆☆	2．能够进行图层调整
考查题型	操作题	

1．图层的概念

图层就像是含有文字或图形等元素的胶片，一张张按顺序叠放在一起，组合起来形成页面的最终效果。如图 4-4 所示，使用画板依次绘制了正方形、圆形和三角形，它们的图层顺序由下到上依次是正方形、圆形、三角形。图层顺序更往上的图形会盖住图层顺序在下面的图形。

2．图层的移动

使用画板绘制由多个图形组合而成的图形时，可能需要进行图层顺序的调整。如图 4-5 所示，选中图形并右击，可以通过"上移一层"或"下移一层"选项调整图形的图层顺序。

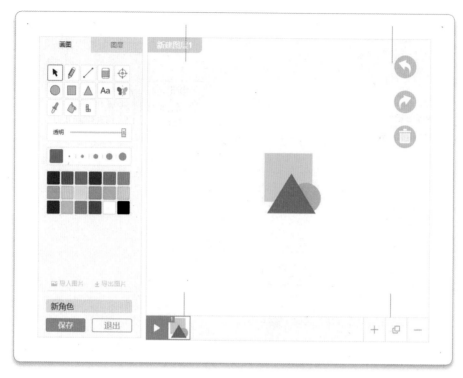

图　4-4

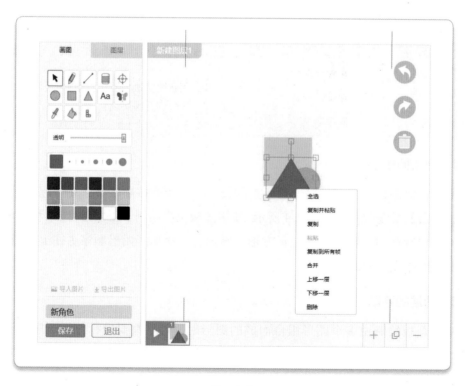

图　4-5

考点探秘

考题 1

（真题·2019 年 12 月）如图 4-6 所示，请使用画板绘制图中所示的角色"开始按钮"。

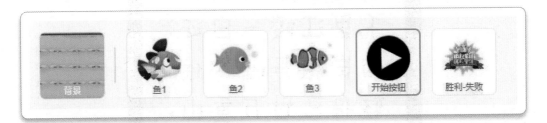

图 4-6

※ 核心考点

考点 1：简单图形绘制和编辑。

考点 2：图层的使用。

※ 思路分析

"开始按钮"由黑色的圆形和白色的三角形组合而成，图层顺序由下到上是圆形、三角形。因此，应先绘制黑色圆形，再绘制白色三角形，即可组合成"开始按钮"。

※ 考法剖析

画板的使用常出现在操作题中，要求考生能使用圆形、三角形、正方形或线条等组合成简单图形，并设置不同颜色和图层顺序，如图 4-7 所示。

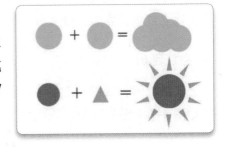

图 4-7

考题 2

请使用画板绘制一张古诗词卡片（见图 4-8）。

（早发白帝城 作者：李白 朝辞白帝彩云间，千里江陵一日还。两岸猿声啼不住，轻舟已过万重山。）

图 4-8

※ **核心考点**

考点 1：简单图形绘制和编辑。

考点 2：图层的使用。

※ **思路分析**

题目所给出的图形由红色正方形、白色正方形及文字组成，因此，使用矩形工具和文字工具就能完成卡片的制作。需要注意的是：这三个图形的图层顺序由下到上依次是红色正方形、白色正方形、文字。

※ **考法剖析**

在画板编辑器中，文字与图形可以组合成各种带文字的角色。考生应能够绘制类似图 4-9 中所示的带文字的角色。

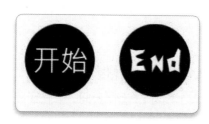

图 4-9

巩固练习

1．使用画板编辑器绘制图 4-10 所示的角色"小树"。

2．使用画板编辑器绘制图 4-11 所示的角色"重新开始"。

图　4-10

图　4-11

专题5

基本运算操作

　　购买商品时，我们会碰到许多计算问题，例如，商品最终的价格等于原价乘以折扣、付款总金额等于所有商品的价格总和等。使用编程可以帮助我们解决这些计算问题。本专题，我们一起来探究编程中常用的运算操作。

考查方向

★ 能力考评方向

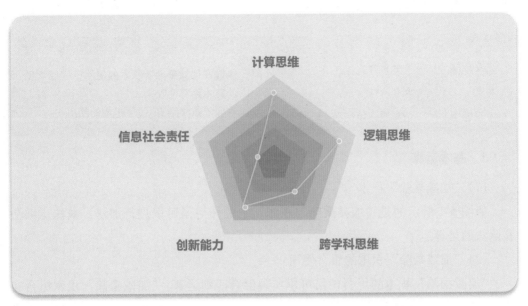

★ 知识结构导图

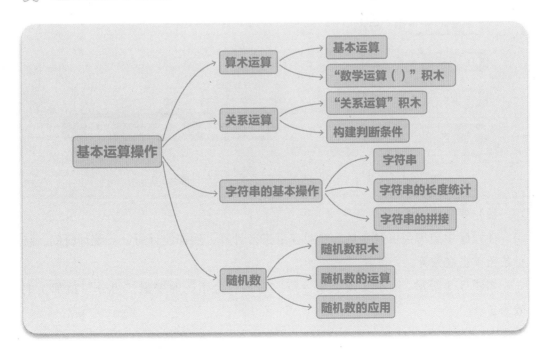

考点清单

考点1 算术运算

考点评估		考查要求
重要程度	★★★★☆	1．掌握"加减乘除"积木的使用，完成常见的算术运算；
难度	★☆☆☆☆	
考查题型	选择题、填空题、操作题	2．掌握"数学运算（）"积木的使用

1．基本运算

（1）"加减乘除"积木

如图5-1所示的是"加减乘除"积木，它的作用是可以进行加法、减法、乘法和除法的运算。

（2）"加减乘除"积木的组合使用

"加减乘除"积木的组合使用可以实现混合四则运算。"加减乘除"积木组合在使用过程中要注意各积木的位置，每个"加减乘除"积木都相当于一个括号，决定着运算的优先级。如图5-2所示，式子可以表示为1+（5－1），运算结果是5。

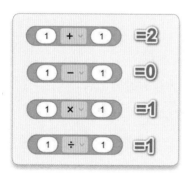

图 5-1

图 5-2

（3）变量的运算

在程序中经常会用到变量，并对变量进行计算，例如统计得分、统计时间、统计按钮单击次数等。

如图5-3所示，脚本实现了角色每次碰到"金币"时变量"得分"就加1的效果。

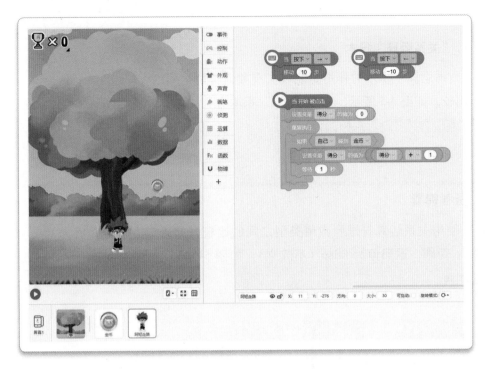

图　5-3

2."数学运算（）"积木

"数学运算()"积木的作用是快速进行四则运算。"数学运算（）"积木中的参数是数学表达式。如图 5-4 所示，参数为"1+2"，运算结果为 3。

图　5-4

● 备考锦囊

"数学运算（）"积木只支持"+""－""*""/"和"括号"的运算。使用"数学运算（）"积木时，要确保切换到英文输入法。

　考点 2　关系运算

考点评估		考查要求
重要程度	★★★★☆	1.掌握"关系运算"积木的使用；
难度	★★☆☆☆	2.能够使用"关系运算"积木构建选择结构中的判断条件
考查题型	选择题、填空题、操作题	

1. "关系运算"积木

"关系运算"积木的作用是能够实现数值类型之间的大小比较。如图 5-5 所示，"关系运算"积木有"＝""≠""＜""≤""＞""≥"六种。

图　5-5

● 备考锦囊

使用关系运算符进行数值类型之间的比较，如果成立，返回值为 true（成立）；否则，返回值为 false（不成立）。如图 5-6 所示，使用新建对话框输出的是 false。

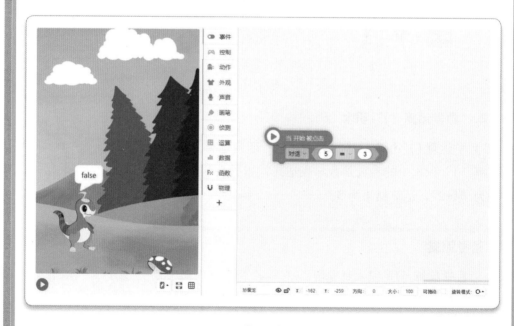

图　5-6

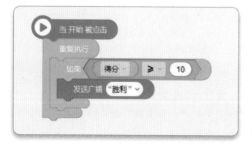

图　5-7

2. 构建判断条件

在程序中，可以使用"关系运算"积木构建分支结构中的判断条件。如图 5-7 所示，当变量"得分"≥ 10 时，角色就会发送广播"胜利"的消息。

考点 3　字符串的基本操作

考 点 评 估		考 查 要 求
重要程度	★★★★☆	1. 了解字符串的概念；
难度	★☆☆☆☆	2. 掌握"（）的长度"积木的使用；
考查题型	选择题、填空题	3. 掌握字符串拼接的方法

1．字符串

字符串是由数字、标点、符号、字母或汉字等元素组成的文本信息。如图 5-8 所示，在字符串积木中，它的参数是字符串。

2．字符串的长度统计

"（）的长度"积木用于统计字符串的长度。其中，一个数字、字母或汉字均为一个字符，代表一个长度。如图 5-9 所示，字符串"1a猫"的长度为 3。

3．字符串的拼接

"把（）（）放在一起"积木能够将两个或两个以上的字符串拼接在一起。积木的加号和减号用于增加或减少拼接的字符串的个数。如图 5-10 所示，该积木将"c""h""i""n""a"五个字母拼接在一起，结果为"china"。

图　5-8　　　　　图　5-9　　　　　　图　5-10

考点 4　随机数

考 点 评 估		考 查 要 求
重要程度	★★★★☆	1. 能够完成随机数的简单运算，并估算结果；
难度	★★★☆☆	2. 掌握随机数与造型切换、角色运动等的综合使用
考查题型	选择题、填空题	

1．随机数积木

"在（ ）到（ ）间随机选一个整数"积木的作用是在指定数值范围内随机生成一个整数。如图 5-11 所示，在 0 到 3 之间随机选取一个整数，该数有可能是 0、1、2、3 中任意一个。

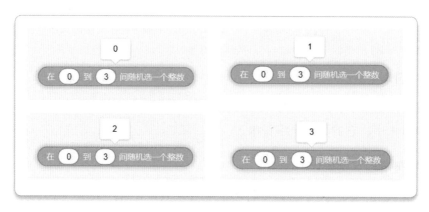

图　5-11

2．随机数的运算

随机数可以用于运算中，运算的结果一般是不固定的，但我们可以估算出可能的结果。

如图 5-12 所示，脚本实现了角色的闪烁效果，我们能够估算出角色的一个闪烁周期的时长为 3 ～ 5 秒。

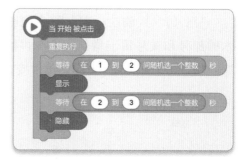

图　5-12

3．随机数的应用

随机数的应用能够增加作品随机性和偶然性，提升趣味性。以下列举了随机数综合运用的几个例子。

（1）造型的随机切换

如图 5-13 所示，使用随机数和"切换到编号为（ ）的造型"积木实现了投掷骰子的效果。

（2）随机数和运动积木

随机数和运动积木结合能够实现角色移动到随机位置、面向随机方向的效果。

如图 5-14 所示，脚本实现了角色"大红包"重复随机出现在舞台上边缘并落下的效果。

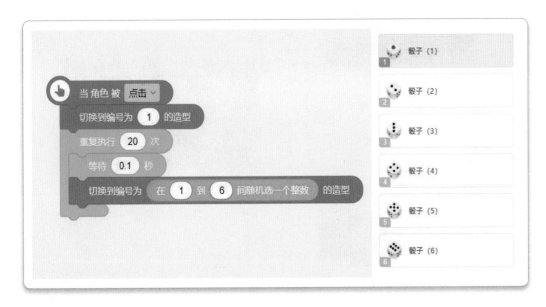

图　5-13

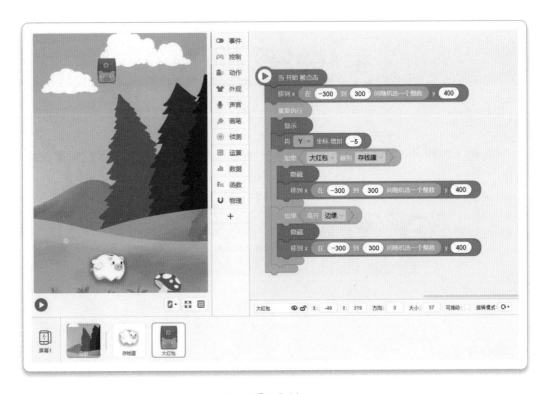

图　5-14

如图 5-15 所示，实现了角色"皮球"碰到角色"弹板"后，在 60 度到 120 度之间随机选取一个方向并向前移动的效果。

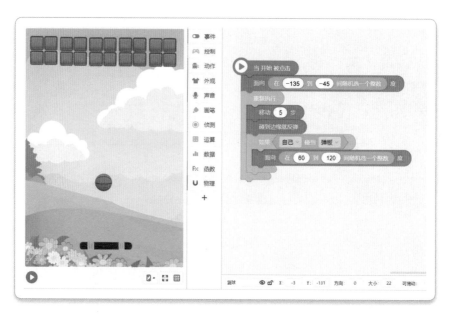

图　5-15

考点探秘

> ## 考题 Ⅰ

（真题·2019 年 12 月）运行下列脚本，如图 5-16 所示，新建对话框输出的结果是_____。

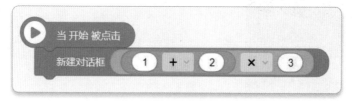

图　5-16

※ **核心考点**

考点 1：算术运算。

※ **思路分析**

该题考查了"加减乘除"积木的组合使用。需注意"加减乘除"积木的数量和它们嵌套的方式，参考数学运算中"先乘除，后加减，有括号优先括号"的法则进行运算，即可得到答案。

※ **考题解答**

　　每个"加减乘除"积木都相当于一个括号。参考数学学科中"先乘除，后加减，有括号优先括号"的运算法则，新建对话框中的算式为"(1+2) ×3"，计算得出的结果为9。

※ **举一反三**

　　使用编程解决数学计算是一种非常方便的手段。运行图 5-17 所示的脚本，新建对话框输出的内容为（　　　）。

图　5-17

A．2.75　　　　　B．4　　　　　C．6　　　　　D．8

▶ **考题2**

　　运行如图 5-18 所示的脚本，变量"得分"的值是 _____ 。

图　5-18

※ **核心考点**

　　考点 1：算术运算。

※ **思路分析**

　　该题考查变量的设置和"数学运算 ()"积木的使用。"数学运算 ()"积木中的内容为数学算式，参考"先乘除，后加减，有括号优先括号运算"的运算法则，就可计算出算式的值。

全国青少年编程能力等级测试教程——图形化编程一级

※ 考题解答

数学运算的表达式为 3+80×2/4，参考运算法则"先乘除，后加减"可得计算算式的结果为 43。

※ 举一反三

运行如图 5-19 所示的脚本，变量"结果"的值是 _____。

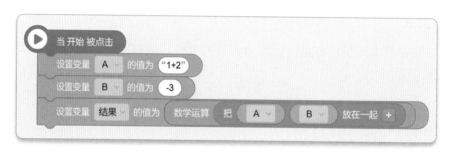

图 5-19

▶ 考题 3

（真题·2019 年 12 月）阿短去买铅笔，店员告诉阿短，按照如图 5-20 所示的脚本的规则付款。阿短要买 10 支铅笔，需要支付的价格是_____。

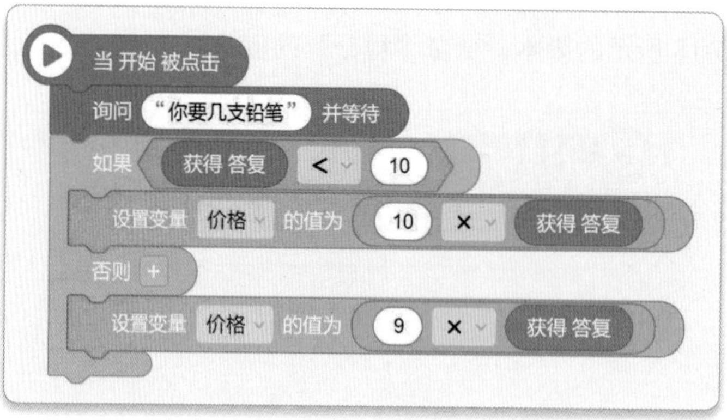

图 5-20

※ 核心考点

考点 1：算术运算。

考点 2：关系运算。

※ **思路分析**

　　该题使用关系运算符构建了选择结构中的条件，判断条件的成立与否是做出该题的关键。

※ **考题解答**

　　根据题意可知，阿短需要买 10 支铅笔，即不符合条件结构中的"获得答复 < 10"的条件，所以执行的是"否则"分支里面的积木，即价格为 9×（获得答复）= 9×10=90。

考题 4

　　（真题·2019 年 12 月）运行如图 5-21 所示的脚本，输入：小可。则新建对话框输出的是（　　）。

图　5-21

A．获得答复你好　　　　　　B．你好

C．把小可你好放在一起　　　D．小可你好

※ **核心考点**

　　考点 3：字符串的基本操作。

※ **思路分析**

　　该题考查了字符串的拼接。考生需明确参与拼接的字符串是什么。

※ **考题解答**

　　根据题意可知，"获得答复"积木的内容为"小可"，将"小可"和"你好"拼接在一起，输出的内容是"小可你好"。因此答案为 D。

> ## 考题 5

阿短约小可去图书馆。他们的脚本如图 5-22 和图 5-23 所示。试问：他们最少需要等待 _____ 秒才能出发去图书馆。

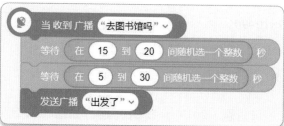

图 5-22   图 5-23

※ 核心考点

考点 4：随机数。

※ 思路分析

该题考查了考生对随机数参与加法运算的结果进行预测。

※ 考题解答

程序运行后，发送"去图书馆吗"广播，小可收到广播后，按顺序执行两个"等待（）秒"积木，在两个"等待（）秒"积木中，两个随机数的最小的数字分别可取 15、5，所以最短等待时间为 15+5=20。因此答案为 20。

巩固练习

1. 如图 5-24 所示的脚本实现的功能是：输入一串数字，如果该数字是 11 位，则在舞台上显示输入的数字；否则，提示"输入的位数有误！"。脚本中"？"处应填写的是（　　）。

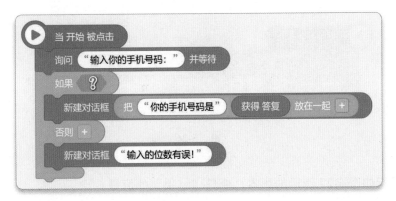

图　5-24

A. 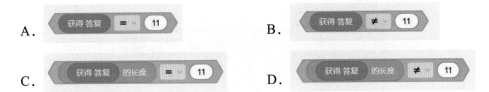　　　　　B.

C.　　　　　D.

2．如图 5-25 所示的脚本实现了计时的功能。当时间达到 10 秒时，通过新建对话框提示"时间到，游戏结束"。脚本中问号代表的内容不可能是（　　）。

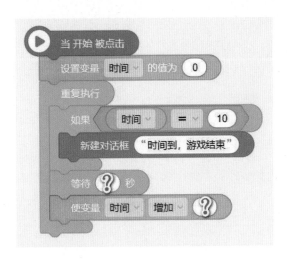

图　5-25

A．1 1　　　　　B．2 2　　　　　C．4 4　　　　　D．5 5

3．元宵节（每年农历正月十五日）是中国的传统节日之一。元宵节主要有赏花灯、吃汤圆、猜灯谜、放烟花等一系列传统民俗活动。现在源码世界正在举办元宵节猜灯谜活动，运行图 5-26 所示脚本，新建对话框输出的内容是 _____。

图 5-26

4．运行如图 5-27 所示的脚本，变量"结果"的值是 ＿＿＿＿＿＿。

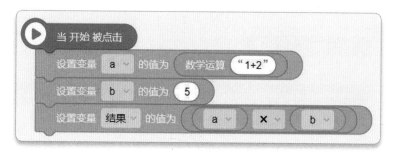

图 5-27

专题6

画 笔 功 能

画笔为我们的编程创作带来了无限的想象力，利用画笔可以绘制出丰富多彩的图形。本专题，我们从基础的几何图形开始，一起探究画笔功能的奥秘吧！

考查方向

⭐ 能力考评方向

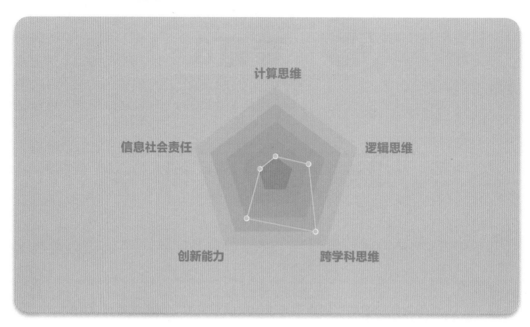

⭐ 知识结构导图

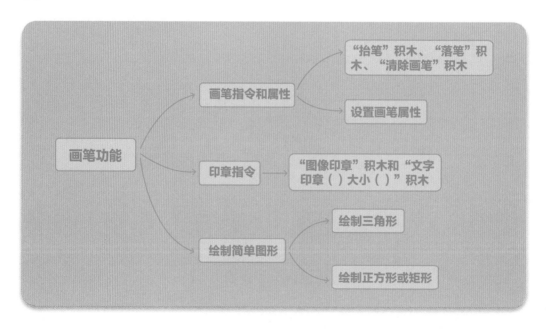

考点清单

考点1 画笔指令和属性

考点评估		考查要求
重要程度	★★★☆☆	1. 掌握画笔指令的执行效果；
难度	★☆☆☆☆	2. 掌握画笔属性设置的方法及参数的修改方法
考查题型	选择题、填空题	

1. "抬笔"积木、"落笔"积木、"清除画笔"积木

（1）"抬笔"积木

如图 6-1 所示的是"抬笔"积木，它的作用是将画笔抬起，舞台区不显示角色运动轨迹。

（2）"落笔"积木

如图 6-2 所示的是"落笔"积木，它的作用是将画笔落下，舞台区会显示角色运动轨迹。

如图 6-3 所示，程序执行后，使用"抬笔"积木和"落笔"积木产生了不同的效果。当使用"抬笔"积木时，角色移动之后并没有留下任何痕迹；但当使用"落笔"积木时，可以清晰地看到角色运动的痕迹。

图 6-1

图 6-2

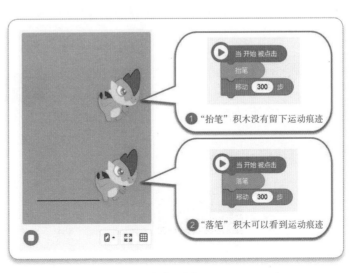

图 6-3

（3）"清除画笔"积木

如图 6-4 所示的是"清除画笔"积木，它的作用是清除画笔在舞台区所有运动痕迹、文字印章、图像印章。

图　6-4

如图 6-5 所示，运行脚本后，角色移动 300 步的运动痕迹会显示在舞台区，随后等待 2 秒，痕迹消失。

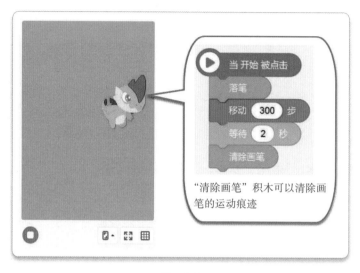

图　6-5

2．设置画笔属性

如图 6-6 所示的是"设置画笔颜色 [ ]"积木，它的作用是改变画笔的颜色。常用的设置颜色的操作方法有以下两种。

（1）单击色块进行指定颜色的选取，如图 6-7 所示。

（2）使用吸管工具从舞台上取色，如图 6-8 所示。

图　6-6

图　6-7

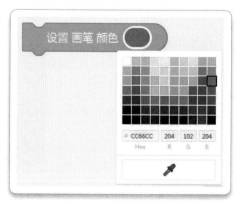

图　6-8

考点 2　印章指令

考 点 评 估		考 查 要 求
重要程度	★★☆☆☆	1．掌握"图像印章"积木的使用；
难度	★☆☆☆☆	2．掌握"文字印章（）大小（）"积木的使用
考查题型	选择题、填空题	

1．"图像印章"积木

如图 6-9 所示的是"图像印章"积木，它的作用是将角色作为印章，把角色图案印在舞台上。

图　6-9

如图 6-10 所示，运行脚本后，从左至右第四只为角色"木叶龙"，前三只为图像印章产生的效果。

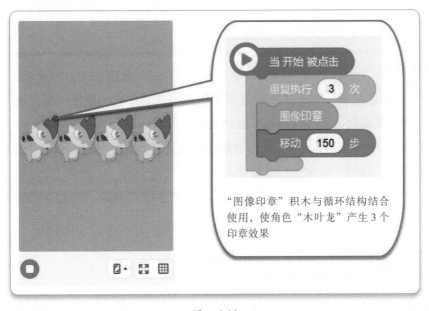

"图像印章"积木与循环结构结合使用，使角色"木叶龙"产生 3 个印章效果

图　6-10

2．"文字印章（）大小（）"积木

图　6-11

如图 6-11 所示的是"文字印章（）大小（）"积木，它的作用是可以复制出文字框的内容，并且可以调整文字大小。

如图 6-12 所示，程序执行后，使用"文字印章（）大小（）"积木产生了最终效果，所复制的文字内容为"Hello"，文字大小为 24。

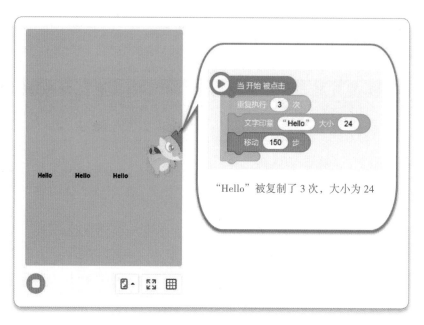

图　6-12

● **备考锦囊**

（1）"图像印章"积木产生的效果和使用画笔画出来的图像一样，既不包含脚本，也不能移动，程序执行结束后效果消失。

（2）"文字印章（）大小（）"积木复制出来的文字不受角色本体外观变化的影响，同时不需要"落笔"积木也可以使用。

考点3　绘制简单图形

考点评估		考查要求
重要程度	★★★☆☆	能综合运用画笔积木、移动积木和循环结构等绘制基本的几何图形，如三角形、正方形等
难度	★★☆☆☆	
考查题型	选择题、填空题、操作题	

1．绘制三角形

如图 6-13 所示，两段脚本分别绘制出边长为 300 的等边三角形和边长为 200 的等边三角形。

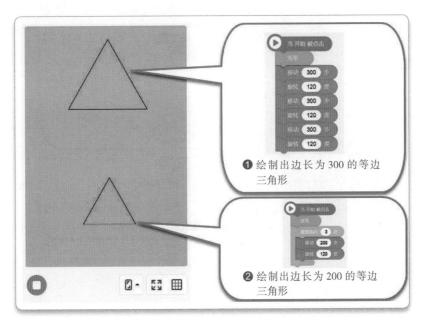

图　6-13

2．绘制正方形或矩形

如图 6-14 所示，两段脚本分别绘制出边长为 300 的正方形和边长为 200 的正方形。

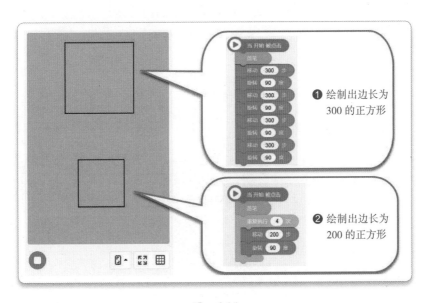

图　6-14

如图 6-15 所示，两段脚本分别绘制出长 300、宽 150 的矩形和长 200、宽 100 的矩形。

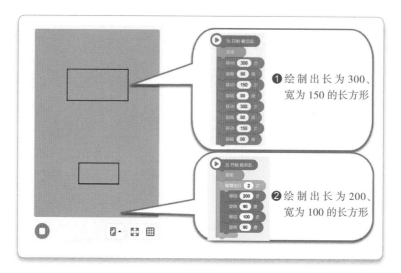

图　6-15

考点探秘

考题 1

（真题·2019 年 12 月）图 6-16 所示脚本绘制的图形是（　　）。

注：在旋转积木中，负号"—"表示沿顺时针方向。

图　6-16

A. 　　B. 　　C. 　　D.

※ **核心考点**

考点3：绘制简单图形。

※ **思路分析**

该题目给出了脚本，需要判断哪个图形是正确的。考生可以观察画笔的属性，使用排除法，再根据脚本执行次数和顺序找到正确答案。

※ **考题解答**

题干中的脚本利用"设置画笔颜色（）"积木设置了画笔的颜色属性为紫色，所以可以排除选项A、C。在循环结构中，先执行"移动（100）步"积木，再执行"旋转（120）度"积木，绘制出的三角形应该一个角朝向上方。因此答案是B。

▶ 考题2

（真题·2019年12月）在源码编辑器中，使用画笔积木功能可以绘制各种图形。下列脚本中能够绘制三角形的是（　　　）。

A.

C.

B.

D.

※ **核心考点**

考点3：绘制简单图形。

※ **思路分析**

题干要求绘制三角形，因此需一一分析各选项是否满足要求。

※ 考题解答

脚本中循环结构执行的次数均为 3 次，可以推断出所绘制的三角形为等边三角形，其特点是内角都为 60 度，故每一次旋转的角度应为 120 度。因此答案是 D。

※ 考法剖析

简单图形绘制的常见考法有：

（1）给出脚本，让考生选择执行脚本之后所绘制的正确图形。

（2）给出需要绘制出的图形，让考生选择正确的脚本。

巩固练习

1．如图 6-17 所示，舞台上有一支"笔"，"笔"的初始朝向为 0 度。运行它的脚本，绘制出的图形是（　　）。

 A. B. C. D.

图　6-17

2．如图 6-18 所示，运行"笔"的脚本，绘制出的图形是（　　）。

A. 　B. ＿＿＿＿＿　C. 　D.

图　6-18

3．齐天大圣传授木叶龙分身术。如图 6-19 所示，运行脚本，屏幕中最多显示
_____ 只木叶龙。

图　6-19

专题7

事　　件

　　你知道为什么使用鼠标能够控制角色移动吗？你知道为什么单击屏幕上的按钮能够打开新的页面吗？这些都是程序中的"事件触发"。本专题，我们一起来揭开"事件触发"的神秘面纱吧！

考查方向

⭐ 能力考评方向

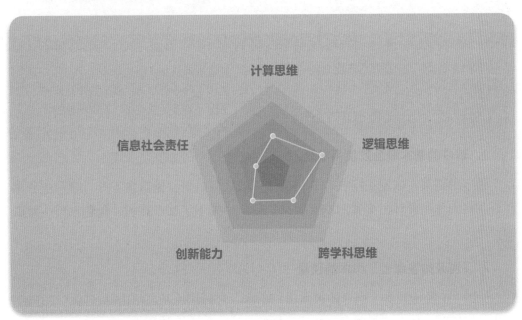

⭐ 知识结构导图

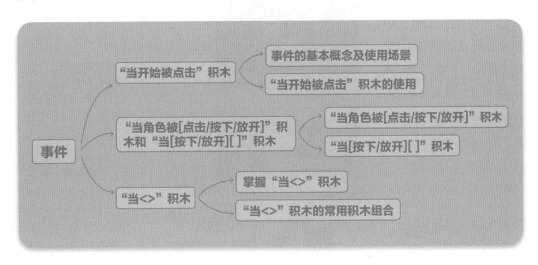

考点清单

考点 1 "当开始被点击"积木

考点评估		考查要求
重要程度	★★★★★	1. 理解事件的基本概念；
难度	★☆☆☆☆	2. 能够正确分析出事件积木的使用场景；
考查题型	选择题、填空题	3. 掌握"当开始被点击"积木的使用方法

1．事件的基本概念及使用场景

程序时刻都在触发和接收着各种事件，如鼠标单击、键盘按下等。事件类积木允许我们为作品设计出丰富的交互效果，如用户按下了某个按钮，角色会产生跳跃的动作。

2．"当开始被点击"积木的使用

如图 7-1 所示的是"当开始被点击"积木，它的作用是当单击舞台区的"开始 / 停止"按钮时，会立刻被触发，并运行拼接在这块积木下的积木。

"当开始被点击"积木的触发条件是单击"开始 / 停止"按钮。如图 7-2 所示，单击"开始 / 停止"按钮，"当开始被点击"积木被触发，并运行下面的积木，角色"雷电猴"移动100 步。

图　7-1

图　7-2

考点 2 "当角色被 [点击 / 按下 / 放开]" 积木和 "当 [按下 / 放开][ ]" 积木

考 点 评 估		考 查 要 求
重要程度	★★★★☆	1. 掌握 "当角色被 [点击 / 按下 / 放开]" 积木和 "当 [按下 / 放开][ ]" 积木的使用方法； 2. 能够利用事件触发设计合理的交互
难度	★★★☆☆	
考查题型	选择题、填空题、操作题	

1. "当角色被 [点击 / 按下 / 放开]" 积木

如图 7-3 所示的是 "当角色被 [点击 / 按下 / 放开]" 积木，它的作用是当该角色被点击 / 按下 / 放开时，立刻执行拼接在这块积木之下的脚本。

"当角色被 [点击 / 按下 / 放开]" 积木中的参数不同时，事件触发条件不同，最终实现的效果也不同。

图　7-3

如图 7-4 所示，分别为角色 "雷电猴" 添加的三段不同的脚本所产生的不同效果。

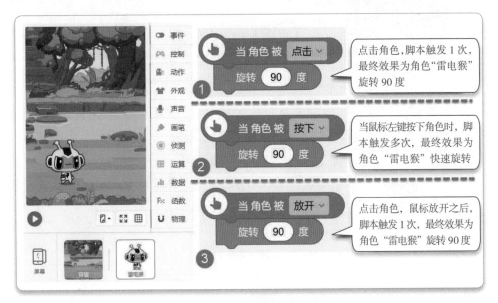

图　7-4

2. "当 [按下 / 放开][ ]" 积木

如图 7-5 所示的是 "当 [按下 / 放开][ ]" 积木，它的作用是当在键盘上按下 / 放开设定的按键时，立刻执行拼接在这块积木之下的脚本。其可选参数范围如表 7-1 所示。

图 7-5

表 7-1

参数	详 细
状态	按下、放开
按键	26 个英文字母，0～9 数字，上、下、左、右键，空格键，回车键

如图 7-6 所示，分别为角色"雷电猴"添加的两段不同脚本所产生的不同效果。

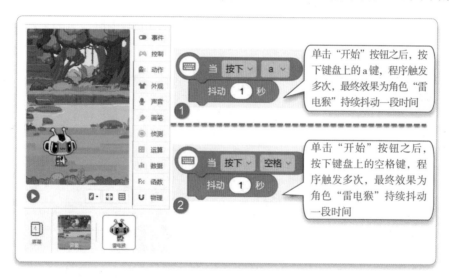

单击"开始"按钮之后，按下键盘上的a键，程序触发多次，最终效果为角色"雷电猴"持续抖动一段时间

单击"开始"按钮之后，按下键盘上的空格键，程序触发多次，最终效果为角色"雷电猴"持续抖动一段时间

图 7-6

考点3 "当< >"积木

考 点 评 估		考 查 要 求
重要程度	★★★☆☆	1. 掌握"当< >"积木的使用方法；
难度	★★★☆☆	2. 掌握"当< >"积木的常用积木组合
考查题型	选择题、填空题、操作题	

1. 掌握"当 <>"积木

如图 7-7 所示的是"当 <>"积木，它的作用是当满足指定条件，即事件被触发时，立即执行拼接在这块积木之下的脚本。

如图 7-8 所示，当满足"鼠标按下"这个条件时，"当 <>"积木被触发，并执行后面的脚本，角色的 x 的坐标值在 1 秒内增加 200。

图　7-7　　　　　　　　　　　　　图　7-8

2. "当 <>"积木的常用积木组合

（1）"当 <>"积木与侦测积木组合

"当 <>"积木常与侦测积木结合使用。如图 7-9 所示，两块积木的作用分别是：

① 当"鼠标按下"时，"当 <>"积木被触发。

② 当角色"自己碰到颜色（）"时，"当 <>"积木被触发。

（2）"当 <>"积木与关系运算积木组合

"当 <>"积木常与关系运算积木结合使用。如图 7-10 所示，积木的作用是当变量"分数">10 时，"当 <>"积木被触发。

图　7-9　　　　　　　　　　　　　图　7-10

考点探秘

考题 1

（真题·2019 年 12 月）舞台上有一个"播放－暂停"按钮，如图 7-11 所示。它有两个造型，分别表示播放状态和暂停状态。其初始造型编号为 1，表示播放状态。要实现如下功能：单击按钮，切换到暂停状态，再次单击按钮切换到播放状态。按钮的脚本是（　　　）。

图　7-11

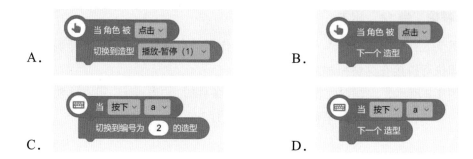

A.   B.

C.   D.

※ 核心考点

考点 2："当角色被 [点击 / 按下 / 放开]"积木和"当 [按下 / 放开][ ]"积木。

※ 思路分析

该题目给出了脚本所要实现的效果，需要先判断事件积木的使用场景，确定使用哪块事件积木，再根据参数选择最终答案。

※ 考题解答

题干中要求实现的效果是需要单击角色"按钮"来触发，由此可以判断出应使用"当角色被点击"积木，排除选项 C 和选项 D。同时，题干中提到需要实现切换"按钮"两种造型的效果，应使用"下一个造型"积木。因此答案是 B。

❯ 考题 2

（真题·2019 年 12 月）小明想实现这样一个程序效果：当按下按键"a"，角色就能持续移动。以下选项中不能实现的是（   ）。

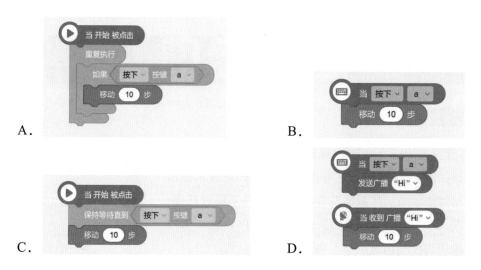

A.   B.

C.   D.

※ 核心考点

考点 2："当角色被 [点击 / 按下 / 放开]"积木和"当 [按下 / 放开][ ]"积木。

※ 思路分析

题目给出了预期效果，要找出不能实现该效果的脚本，因此需对每个选项进行分析。

※ 考题解答

选项 A，"重复执行"积木与"如果"积木组合使用可以实现不断侦测的效果，故"按下按键 a"后可实现持续移动的效果，不符合题意，排除选项 A。

选项 B，"当按下 a"积木能够对 a 键的状态进行持续的侦测，因此可以实现持续移动的效果，不符合题意，排除 B 选项。

选项 C，"保持等待直到 <>"积木的作用是在嵌入处的"< 条件 >"成立之前一直等待，直到嵌入处的"< 条件 >"满足方可执行下面的积木。选项 C 嵌入的"< 条件 >"为"按下按键 a"。即按下 a 键后"移动（10）步"积木执行一次，不能实现持续移动的效果，符合题意。

选项 D，按下 a 键后会持续发送广播，故可实现持续移动的效果，排除选项 D。

因此答案是 C。

※ 考法剖析

对于考点 2 事件积木的使用，通常会从以下两个方面进行考查。

（1）题干给出预设的效果，考生需选出正确的脚本。

（2）题干给出脚本，考生需选出正确文字描述的选项。

要仔细阅读题干给出的信息，多利用排除法缩小正确选项的范围。

※ 举一反三

下面四组脚本触发条件不同，可以做到"单击一次鼠标，切换一次造型"的是（   ）。

A.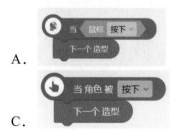

B.

C.

D.

考题3

（真题·2019年12月）运行如图7-12所示的脚本,新建对话框输出的值是_____。

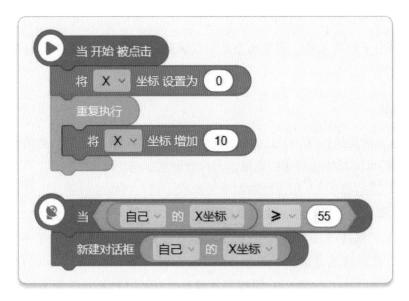

图 7-12

※ **核心考点**

考点2："当角色被[点击/按下/放开]"积木和"当[按下/放开][ ]"积木。

※ **思路分析**

该题使用"当< >"积木和关系运算积木构建了事件触发条件，因此需要分析何时"<（[自己]的[x坐标]）[≥]（55）>"积木的返回结果是true。

※ **考题解答**

当开始被点击之后，角色的x初始坐标为0，循环语句没有限制，但循环内的语句为将x坐标增加10。在角色x坐标≥55时，需要使用对话框显示自己的x坐标。

第1次循环的时候，x坐标为10，不满足条件；第2次循环的时候，x坐标为20；第6次循环的时候x坐标为60，"<（[自己]的[x坐标]）[≥]（55）>"积木返回值为true，"当< >"被触发，新建对话框输出自己的x坐标。因此答案是60。

1．如图 7-13 所示，某角色有三个造型，当前造型编号为 1。运行该角色的脚本，并做如下操作：移动鼠标指针到该角色上，按下鼠标左键任意时长后松开。角色将切换到造型（　　）。

图　7-13

A．1　　　　B．2　　　　C．3　　　　D．不确定

2．以下选项中，能实现"启动程序，角色立即抖动 1 秒"效果的是（　　）。

A.

B.

C.　　　　　　　　　　　　　　　　　D.

专题8

消息的广播与处理

打电话时，只有保证电话号码是正确的，我们才能联系到想要联系的人。在图形化编程中，怎么让角色之间也顺利地"通话"呢？这就需要使用到广播功能了。通过广播，可以让角色之间互相传递信息，丰富作品的效果，实现更多功能。本专题，让我们来学习广播消息指令积木的使用吧！

考查方向

★ 能力考评方向

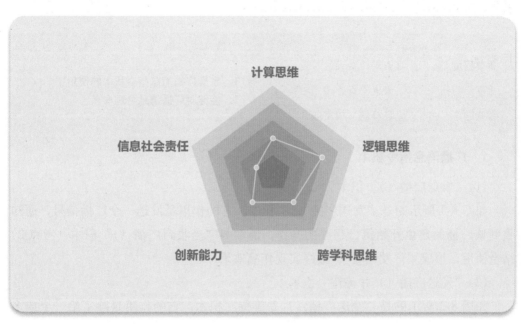

★ 知识结构导图

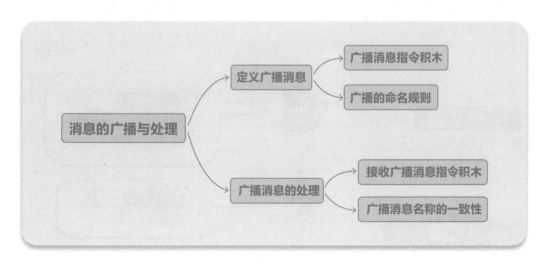

考点清单

考点1 定义广播消息

考点评估		考查要求
重要程度	★★☆☆☆	1. 掌握广播消息指令积木的使用；
难度	★★☆☆☆	2. 能够对广播消息合理命名
考查题型	选择题、填空题	

1．广播消息指令积木

（1）"发送广播（）"积木

如图 8-1 所示的是"发送广播（）"积木，它的作用是发送一个广播信号，通知收到该广播的角色开始执行相应的操作。通常与"当收到广播（）"积木（考点2）结合使用，形成"一发一收"，最终实现作品效果。

（2）"发送广播（）并等待"积木

如图 8-2 所示的是"发送广播（）并等待"积木，它的作用是除了给一个或多个角色（包括背景）发送一个广播信号外，还需等待接收该广播的角色执行完相应脚本后，才能继续执行广播下面的脚本。

如图 8-3 所示为"大黄鸡"和"雷电候"两个角色的脚本，当脚本运行之后，积木执行的顺序如下。

图 8-1

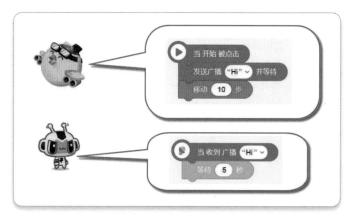

图 8-3

图 8-2

①"大黄鸡"发送广播 Hi 并等待。

②"雷电猴"收到广播 Hi。

③"雷电猴"等待 5 秒。

④"大黄鸡"移动 10 步。

2．广播的命名规则

使用此类积木的角色作为消息发送方，可以向其他角色或背景发送广播消息，消息内容可自行更改，但要遵循以下命名规则。

（1）广播消息名称中可包含数字、字母、汉字和下画线。

（2）为广播消息命名要注意"见名知意"，即看到广播内容后就可知晓此广播消息的作用，如图 8-4 所示。

图　8-4

● **备考锦囊**

"发送广播（）"积木在执行完后不做任何等待，继续执行此积木下方的积木。

"发送广播（）并等待"积木执行完后，会等待接收到消息的角色将脚本执行完，然后再继续执行此积木下方的其他积木。如图 8-5 所示，小鸟发送广播"刺猬显示"后马上移动 10 步，乌龟在发送广播"刺猬显示"后会等待 3 秒直到刺猬显示之后才会移动 10 步。

图　8-5

考点 2　广播消息的处理

考点评估		考查要求
重要程度	★★☆☆☆	1. 掌握收到广播消息指令积木的使用；
难度	★★★☆☆	2. 能够正确使用广播使角色产生相应效果
考查题型	选择题、填空题	

1. 接收广播消息指令积木

如图 8-6 所示的是"当收到广播（）"积木。作为消息接收方的角色，需要使用此积木，才能在接收到广播后执行相应的脚本。

图　8-6

如图 8-7 所示为角色"按钮"和角色"木叶龙"的脚本。当角色"按钮"被单击时，执行"发送广播（移动）"积木，"木叶龙"执行"当收到广播（移动）"积木，接着执行"移动（10）步"积木。

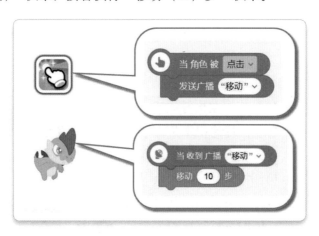

图　8-7

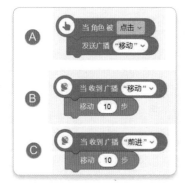

图　8-8

2. 广播消息名称的一致性

若想使用广播让角色间成功发送和接收广播，需要让发送的广播名和接收的广播名（包括字母大小写、符号）完全一致。

如图 8-8 所示，自上而下依次为角色 A、B、C 的脚本，运行程序后，由于角色 A 发送的消息和角色 B 接收的消息相同，与角色 C 收到的消息不同，所以角色 B 会移动 10 步，而角色 C 则待在原地。

● 备考锦囊

（1）除了发送广播给其他角色，发送广播的角色同时也可以接收到此广播。如图 8-9 所示，为一个角色添加了两段脚本，每次角色被单击时，此角色都会移动 10 步。

（2）利用广播的自发自收也能够实现循环效果。如图 8-10 所示，当角色被单击时，角色会一直在原地旋转。

图　8-9

图　8-10

考点探秘

▶ 考题 1

（真题·2019 年 12 月）如图 8-11 所示，分别为角色"飞夜鼠"和角色"呆鲤鱼"的脚本。运行下列脚本，5 秒后，"呆鲤鱼"总共移动 _____ 步。

注：仅填写数字，勿填写其他文字或字符。

※ 核心考点

考点 2：广播消息的处理。

※ 思路分析

观察两个角色的积木，首先确认发送广播角色和接收广播角色的广播内容是否收发一致，然后明确接收广播角色要接收几次广播，同时产生了哪些效果。

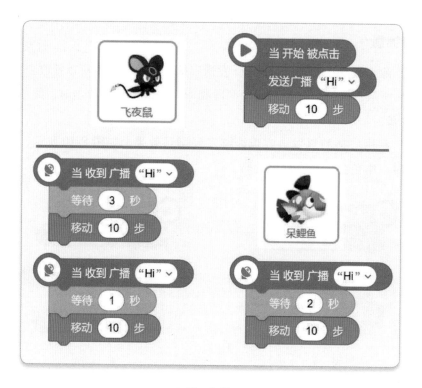

图　8-11

※ **考题解答**

　　角色"呆鲤鱼"有三组积木"当收到广播（Hi）"积木，所以"呆鲤鱼"会移动三次，总共移动 30 步。

※ **举一反三**

　　角色"小鸡"的脚本如图 8-12 所示，运行脚本后，请问四个选项中不能回应小鸡的是（　　）。

图　8-12

> **考题2**

　　如图 8-13 所示的是"大黄鸡"的脚本。如果想让"大黄鸡"产生对话"Hi"，应该做的是（　　　）。

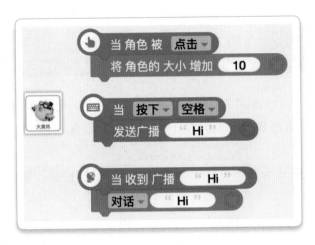

图　8-13

A．单击大黄鸡角色

B．单击"开始"按钮

C．按下键盘上的空格键

D．单击"开始"按钮后，再按下键盘上的空格键

※ **核心考点**

　　考点 2：广播消息的处理。

※ **思路分析**

　　利用广播消息收发一致的原理，找到该角色发送广播的触发事件。

※ **考题解答**

　　角色"大黄鸡"利用广播积木实现自发自收的原理，当收到广播"Hi"时才会产生题干中要求的对话，所以一定要触发相应的"发送广播（Hi）"积木，该脚本中只有单击"开始"按钮执行程序后，再按下键盘上的空格键，才可以触发"发送广播（Hi）"积木，因此选择 D。

※ **考法剖析**

　　广播的使用常常从以下两个方面进行考查。

（1）题干中给出脚本预期产生的效果，考生需要根据广播积木收发一致的原理选择正确答案。

（2）题干给出脚本，考生需要通过广播积木来判断脚本所实现的效果。

巩固练习

1. 舞台上三个角色的脚本如图 8-14 所示,运行程序后,角色 A 的 x 坐标为（   ）, y 坐标为（   ）；角色 B 的 x 坐标为（   ）, y 坐标为（   ）。

2. 如图 8-15 所示为某角色的脚本,单击"开始"按钮,等待 5 秒后,该角色将移动（   ）步。

A. 0　　　　　　B. 10　　　　　　C. 40　　　　　　D. 30

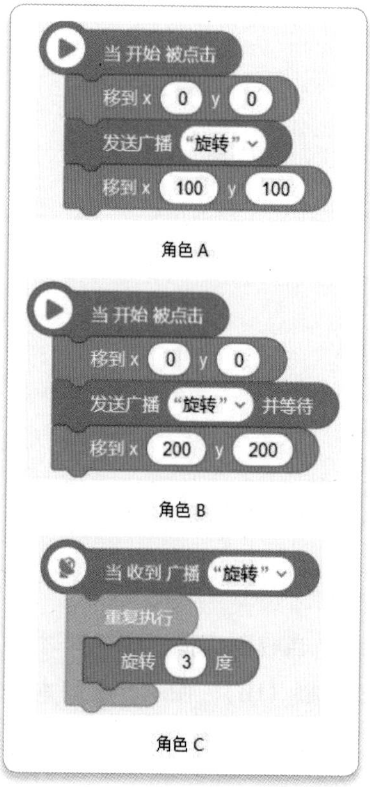

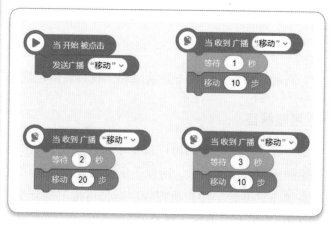

图　8-14

图　8-15

专题9

变　　量

　　随着时间的推移，我们的身高、体重、年龄都在不断地变化着，这些可以变化的量称为变量。在图形化编程中也存在变量，它可以用来统计得分、进行运算等，从而丰富作品的效果。本专题，让我们一起来掌握变量的基本使用方法吧！

考查方向

⭐ 能力考评方向

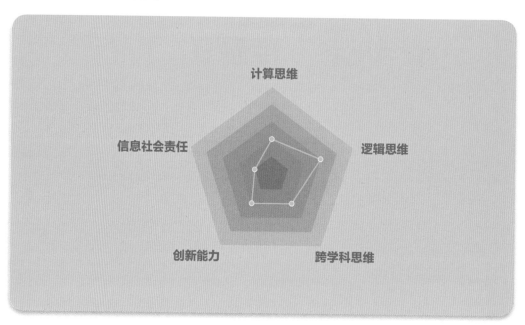

⭐ 知识结构导图

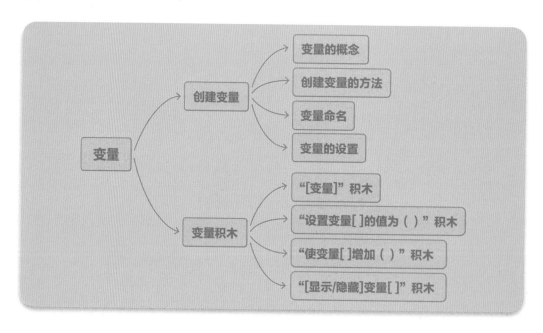

考点 1　创建变量

考点评估		考查要求
重要程度	★★★☆☆	1．了解变量的概念；
难度	★★☆☆☆	2．能够正确掌握创建变量的方法； 3．掌握变量命名规则；
考查题型	选择题、填空题	4．掌握变量在数据区中的设置

1．变量的概念

变量是可以变化的量。变量可以通过被不断赋值用来进行运算。

2．创建变量的方法

以下是创建变量的步骤。

（1）单击编辑器右上角"数据"按钮，如图 9-1 所示。

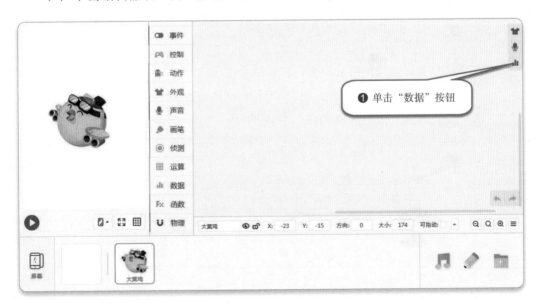

图　9-1

（2）单击"新建变量"按钮，如图 9-2 所示。

（3）输入正确的变量名，单击"确定"按钮，如图 9-3 所示。变量创建完成，舞台区会显示变量，如图 9-4 所示。

131

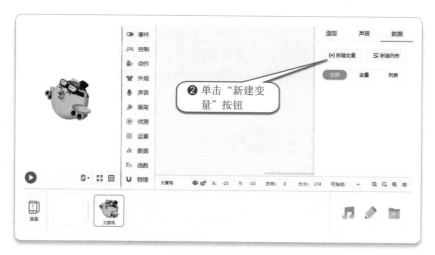

图 9-2

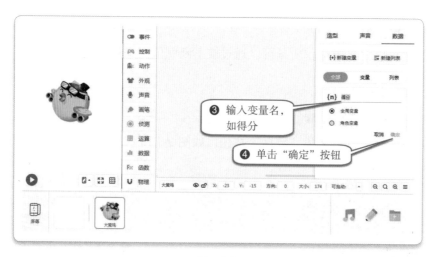

图 9-3

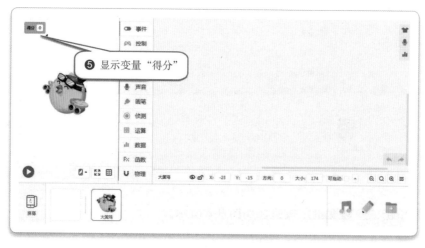

图 9-4

3．变量命名

变量的命名可以使用汉字、大写字母、小写字母、数字、下画线等字符及其相互组合，但变量名的首字母不能是数字。

正确的变量名：得分、Celsius、abc、金币3。

错误的变量名：678、2得分。

4．变量的设置

（1）变量的显示与隐藏

创建变量后，单击"显示/隐藏"按钮来设置变量是否可见，如图9-5所示。

（2）设置变量样式

单击"默认样式"右侧的下三角按钮，可以为变量设置样式，如图9-6所示。

可供选择的变量样式共有6种，如图9-7所示。

图 9-5

图 9-6

图 9-7

（3）设置变量初始值

单击"初始值"右侧的下画线区域，输入内容即可修改变量初始值，如图9-8所示。

（4）变量的重命名

单击变量名，可以修改变量的名称，如图9-9所示。

图 9-8

图 9-9

考点2 变量积木

考 点 评 估		考 查 要 求
重要程度	★★★★☆	1. 掌握"[变量]"积木的使用方法；
难度	★★★☆☆	2. 能够对变量进行增加或减少；
考查题型	选择题、填空题、操作题	3. 掌握变量在舞台区显示或隐藏的方法

1. "[变量]"积木

如图9-10所示的是"[变量]"积木，它的作用是为变量赋值后，可以通过此积木调取选中变量的值。

如图9-11所示，单击"开始"按钮后，由于设置变量"得分"的值为60，所以角色会显示对话"60"。

2. "设置变量[]的值为()"积木

如图9-12所示的是"设置变量[]的值为()"积木，它的作用是可以在相应的脚本中设置变量的值，第一个参数"[]"为变量的名称，第二个参数"()"为变量的数值。

图 9-10　　　　　　　图 9-11　　　　　　　图 9-12

3. "使变量[][增加/减少]()"积木

如图9-13所示的是"使变量[][增加/减少]()"积木，它的作用是可以实现变量值的自增或自减。

如图9-14所示，脚本运行结束后，变量"生命值"的值在6的基础上增加1，最终值为7。

如图9-15所示，单击"增加"右侧的下三角按钮，选择"减少"即可减少变量的值，该脚本运行结束后，变量"生命值"的值在6的基础上减少1，最终值为5。

4. "[显示/隐藏]变量[]"积木

如图9-16所示的是"[显示/隐藏]变量[]"积木，它的作用是可以实现变量在舞台区的显示与隐藏。

图　9-13

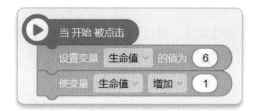

图　9-14

图　9-15

图　9-16

如图 9-17 所示，按下 a 键时，变量"生命值"显示；按下 b 键时，变量"生命值"隐藏。

图　9-17

● **备考锦囊**

（1）使用变量记录分值等

将变量与分支结构和侦测积木搭配使用，可实现记录分值等功能。如图 9-18 所示，运行脚本，每次角色碰到金币时，变量"得分"都会加 1。

图　9-18

（2）使用变量进行计时和倒计时

将"使变量 [ ][增加 / 减少] ()"积木与"等待（）秒"积木结合使用，可以实现计时和倒计时的效果。如图 9-19 所示，脚本运行后，变量"时间"每等待 1 秒增加 1，根据变量"时间"的值即可知晓当前脚本的运行时间，即时间统计。

如果要实现倒计时的效果，可以先为变量"时间"赋值，然后每等待 1 秒将变量值减 1，即可实现倒计时功能。如图 9-20 所示，脚本运行后所实现的就是 10 秒倒计时功能。

图 9-19

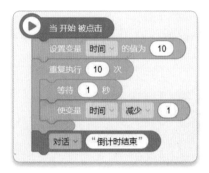

图 9-20

考点探秘

▶ 考题 I

如图 9-21 所示，小可编写了一个程序，要实现 30 秒倒计时功能。则 "？" 应填写的是 _____。

注：仅填写数字，勿填写其他文字或字符。

※ 核心考点

考点 2：变量积木。

※ 思路分析

该题将 "使变量 [ ][增加 / 减少]（ ）" 积木与 "等待（ ）秒" 积木等结合使用，以实现倒计时的效果。

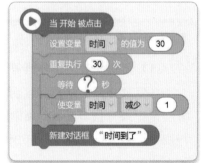

图 9-21

※ 考题解答

题干中变量 "时间" 的初始值为 30，循环次数为 30，每循环 1 次变量 "时间" 的值减少 1，所以等待积木的参数应为 30 除以 30 等于 1，最终答案为 1。

考题 2

森林鹿王在森林中尽情地奔跑，它的脚本如图 9-22 所示。脚本运行后，变量"速度"的值是 _____。

注：仅填写数字，勿填写其他文字或字符。

图 9-22

※ **核心考点**

考点 2：变量积木。

※ **思路分析**

该题问的是变量"速度"的最终值，所以只需要关注变量"速度"的变化。利用重复执行的次数乘以每次变量增加的数值，再加上变量初始值，即可算出最终结果。

※ **考题解答**

变量"速度"的初始值为 1，重复执行 5 次，每次变量增加 10，所以变量"速度"的最终值为 1+（5×10）=51。答案为 51。

※ **举一反三**

运行图 9-23 中的脚本，变量"结果"的值是 _____。

图 9-23

▶ 考题3

长方形的面积等于长方形的长乘以宽。运行图9-24中的脚本，绘制出了一个图形。它的面积是_____。

注：仅填写数字，勿填写其他文字或字符。

※ 核心考点

考点2：变量积木。

※ 思路分析

题干中给出了长方形的面积公式，即长乘以宽，所以只需在脚本中找到长和宽的值，就可以计算出长方形的面积。

※ 考题解答

通过循环结构中的脚本可以看出长方形的长和宽的值分别是变量"a"和"b"，同时脚本中也给出了变量"a"的值为10，"b"的值为5，所以长方形的面积是5×10=50。答案为50。

※ 举一反三

如图9-25所示的脚本运行后，绘制出了一条线，该条线的长度是_____步。

图 9-24

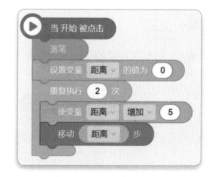

图 9-25

巩固练习

1. 运行图 9-26 中的脚本，变量"年"的值是（　　）。

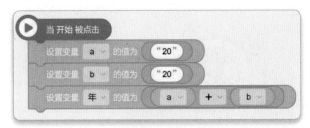

图　9-26

　A．20　　　　　B．40　　　　　C．2020　　　　D．2200

2. 运行图 9-27 中的脚本，对话框中输出变量 *x* 的值是（　　）。

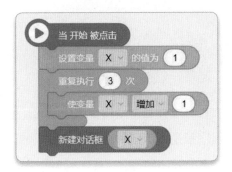

图　9-27

　A．3　　　　　B．4　　　　　C．5　　　　　D．2

基本程序结构

在程序设计中，有三种基本结构：顺序结构、循环结构和选择结构。所有复杂的程序都是由这三种结构组合而成的。本专题，我们一起来学习这三种基本的程序结构。

考查方向

★ 能力考评方向

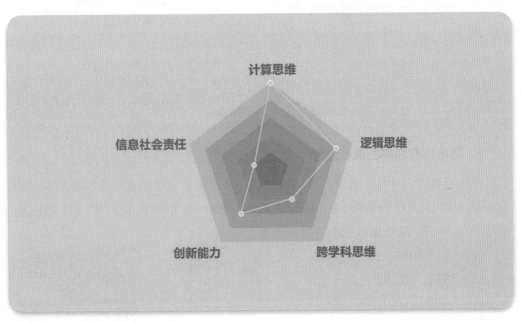

★ 知识结构导图

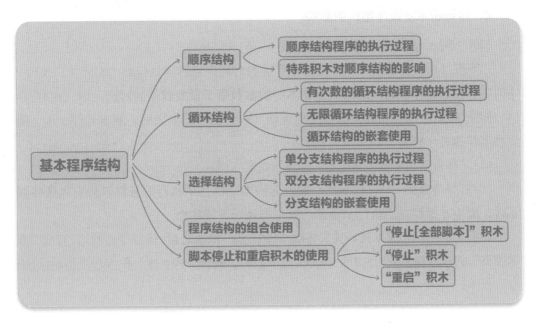

考点清单

考点 1 顺序结构

考点评估		考查要求
重要程度	★★★★★	1. 了解顺序结构程序的执行过程；
难度	★★☆☆☆	2. 掌握"等待（）秒"积木和"保持等待直到 <>"积木的使用，知道它们对顺序结构的影响
考查题型	选择题、填空题、操作题	

1. 顺序结构程序的执行过程

顺序结构是一种自上而下、依次执行的程序结构。这种结构从事件类积木开始，按照积木顺序一步一步地向下执行，直到最后一个积木执行结束，程序停止。如图 10-1 所示，这组脚本的执行顺序如下。

（1）"当开始被点击"积木。

（2）"落笔"积木。

（3）"移动（100）步"积木。

（4）"旋转（90）度"积木。

（5）"移动（10）步"积木。

2. 特殊积木对顺序结构的影响

（1）"等待（）秒"积木的执行过程

图 10-1

"等待（）秒"积木可以设置脚本等待的时间。当脚本执行到"等待（）秒"积木时，脚本会暂停所设定的时间。积木中的参数用于设置暂停的时长，单位为秒。

如图 10-2 所示，当脚本执行完"旋转（90）度"积木之后，脚本暂停 1 秒，随后再继续执行"移动（10）步"积木。

（2）"保持等待直到 <>"积木的执行过程

"保持等待直到 <>"积木是用来设置脚本继续往下执行的条件，只有当条件满足时，脚本才继续往下执行；否则，脚本将处于等待状态。

如图 10-3 所示，脚本执行完"移动（100）步"积木之后，保持等待状态，直到"鼠标按下"的条件满足，程序才会继续执行下面的"旋转（90）度"积木和"移动（10）步"积木。

图 10-2

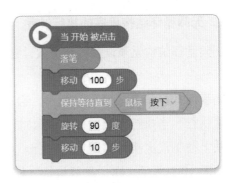

图 10-3

考点 2 循环结构

考 点 评 估		考 查 要 求
重要程度	★★★★★	1. 了解循环结构的概念;
难度	★★★★☆	2. 掌握重复执行积木的使用,实现无限循环和
考查题型	选择题、填空题、操作题	有次数的循环

循环结构是指在程序中需要反复执行某个或几个积木而设置的一种程序结构。

1. 有次数的循环结构程序的执行过程

有次数的循环结构可以设置循环的次数,通过"重复执行()次"积木来实现。如图 10-4 所示,参数"20"是重复执行的次数,可根据脚本设置不同的值。

当程序执行"重复执行()次"积木时,会从"重复执行()次"积木中嵌套的第一个积木开始从上往下依次执行,当执行完最后一个积木时,程序会回到循环积木中嵌套的第一个积木,再次从上往下依次执行。当重复次数达到设置参数次时,程序会跳出循环结构。

如图 10-5 所示,"移动(10)步"积木重复执行 20 次之后,才会执行"抖动(1)秒"积木。

图 10-4

图 10-5

143

2．无限循环结构程序的执行过程

无限循环结构无须设置循环次数，它可以通过"重复执行"积木实现，如图 10-6 所示。

当程序执行到无限循环结构时，会从循环积木中嵌套的第一个积木开始从上往下依次执行，当执行完最后一个积木时，程序会回到循环积木中嵌套的第一个积木，再次从上往下依次执行，这个过程会一直循环，直到程序停止。

如图 10-7 所示，在"重复执行"积木内，先执行"移动（10）步"积木，再执行"抖动（1）秒"积木，这两个积木会被一直重复执行。

3．循环结构的嵌套使用

循环积木可以嵌套使用，即在循环积木中再嵌套循环积木，构成多重循环。如图 10-8 所示，运行该脚本后，角色移动的距离是 5×（10+2）=60（步）。

图 10-6

图 10-7

图 10-8

考点3 选择结构

考 点 评 估		考 查 要 求
重要程度	★★★★★	1．了解选择结构（即分支结构）的概念；
难度	★★★★☆	2．理解分支结构程序的执行过程，掌握单分支结构和双分支结构的使用
考查题型	选择题、填空题、操作题	

选择结构又称为分支结构，是一种给定判断条件，根据判断的结果来控制程序流程的结构。

1．单分支结构程序的执行过程

单分支结构通过"如果＜＞"积木来实现。如图 10-9 所示，"如果＜＞"分支中可以嵌套侦测、关系运算等返回结果为 true（成立）或 false（不成立）的积木作为判断条件。如果条件成立，程序会执行"如果＜＞"分支中嵌套的积木；如果条件不成立，程序会跳过"如果＜＞"分支中嵌套的积木。

如图 10-10 所示，当程序执行到单分支结构时，程序会判断角色是否碰到鼠标指针。如果角色碰到鼠标指针，角色先抖动 1 秒，然后移动 10 步；如果角色未碰到鼠标指针，角色移动 10 步。

图　10-9

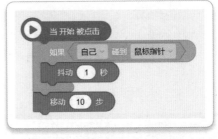

图　10-10

2．双分支结构程序的执行过程

双分支结构程序可通过"如果＜＞否则"积木来实现。如图 10-11 所示，如果条件成立，程序执行"如果＜＞"分支中嵌套的积木，跳过"否则"分支中嵌套的积木；如果条件不成立，程序执行"否则"分支中嵌套的积木，跳过"如果＜＞"分支中嵌套的积木。

如图 10-12 所示，当程序执行到双分支结构时，程序会判断角色是否碰到鼠标指针。如果角色碰到鼠标指针，角色会先抖动 1 秒，然后移动 10 步；如果角色未碰到鼠标指针，角色会旋转 90 度，然后再移动 10 步。

图　10-11

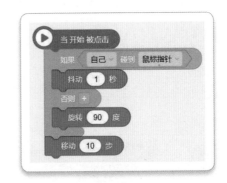

图　10-12

3．分支结构的嵌套使用

单分支结构和双分支结构可以嵌套使用。如图 10-13 所示的是常见的几种组合形式。

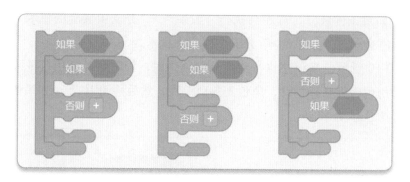

图　10-13

 考点4　程序结构的组合使用

考 点 评 估		考 查 要 求
重要程度	★★★☆☆	
难度	★★★★★	掌握三种程序结构的组合使用
考查题型	选择题、填空题、操作题	

程序结构的组合使用

所有的程序都是由三种基本的程序结构组合而成。常用的组合形式如图 10-14 所示。

如图 10-15 所示，脚本实现了角色在舞台上的左右往复移动。

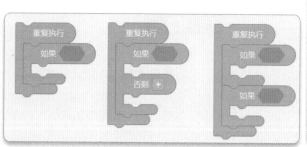

图　10-14

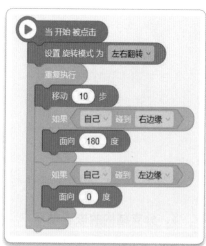

图　10-15

考点 5 脚本停止和重启积木的使用

考 点 评 估		考 查 要 求
重要程度	★★☆☆☆	1．掌握几种常用的停止积木，辨别几种停止积木的差异；
难度	★★★☆☆	2．掌握程序重启积木；
考查题型	选择题、填空题、操作题	3．能够在合适的场景中使用合理的停止积木

图 10-16

1．"停止 [全部脚本]"积木

如图 10-16 所示的是"停止 [全部脚本]"积木，它的作用是停止脚本的运行，可选参数如表 10-1 所示。

表 10-1

积 木	作 用
"停止 [全部脚本]"积木	停止整个程序中所有的脚本
"停止 [当前脚本]"积木	停止该积木所在的那组脚本
"停止 [当前角色的其他脚本]"积木	停止该角色除了停止积木所在脚本外的其他脚本
"停止 [其他角色的脚本]"积木	停止该角色以外的其他全部脚本

2．"停止"积木

如图 10-17 所示的是"停止"积木，它的作用是停止程序的运行。

图 10-17

图 10-18

3．"重启"积木

如图 10-18 所示的是"重启"积木，它的作用是将角色、变量等都复位到初始状态，并从头开始执行程序。

● 备考锦囊

"停止 [全部脚本]"积木和"停止"积木效果是有区别的。使用"停止 [全部脚本]"积木后，脚本会因为"事件触发"再次运行。使用"停止"积木后，程序停止运行，"事件触发"不会生效。

专题 10

考点探秘

考题 1

已知角色位于舞台的（100，0）位置，现在它要前往（200，–200）位置。下面的脚本能够让它准确到达目标位置的是（　　）。

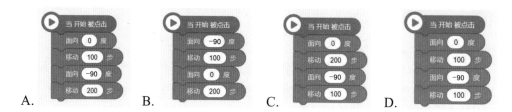

A.　　　　B.　　　　C.　　　　D.

※ 核心考点

考点 1：顺序结构。

※ 思路分析

该题干中给出了角色坐标位置的初始位置和目标位置，需依次分析每个选项的脚本运行后角色是否能移动到目标位置。

※ 考题解答

角色在舞台的初始位置为（100，0），最终位置为（200，–200），说明角色需在 x 轴正方向增加 100，y 轴负方向增加 –200（y 轴坐标减少 200）。已知角色面向 0 度为 x 轴正方向，角色面向 –90 度为 y 轴负方向，角色需面向 0 度移动 100，面向 –90 度移动 200。因此答案是 A。

※ 考法剖析

对于考查顺序结构的考题应注意脚本执行的顺序，顺序不同，执行的结果可能也不同。

考题 2

（真题·2019 年 12 月）运行图 10-19 所示脚本后，该角色将（　　）。

A．直线移动，速度越来越快

B．直线移动，离开舞台边缘后停止

C．直线移动，速度不变

D．移动 10 步后停止

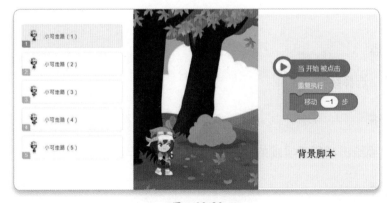

图　10-19

※ 核心考点

考点 2：循环结构。

※ 思路分析

该题考查无限循环积木与动作积木的组合使用。在持续移动过程中，角色的速度是不变的，即匀速运动。

※ 考题解答

该题已知角色持续移动，速度不变，选项 A 错误。角色离开舞台边缘，程序依然在执行，选项 B 错误。角色使用"重复执行"积木，并不会停止，选项 D 错误。因此答案是 C。

※ 举一反三

如图 10-20 所示，小可有五个造型，切换后能实现连贯的走路动作。小可要实现在树林中漫步的效果，下列正确的脚本是（　　　）。

图　10-20

A. 　　B.　　C.

D．以上选项都不能实现效果

考题3

（真题·2019 年 12 月）如图 10-21 所示的脚本实现的功能是：输入一串数字，如果该数字是 11 位，则在舞台上显示输入的数字，否则提示"输入的位数有误！"。脚本中"?"处应填写的是（　　　）。

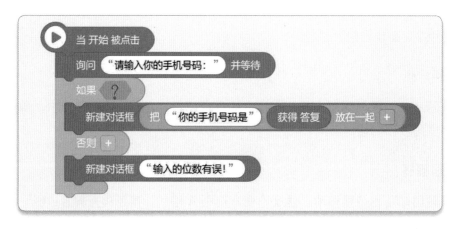

图　10-21

A.   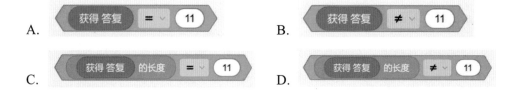

（获得 答复 ＝ 11）

B. （获得 答复 ≠ 11）

C. （获得 答复 的长度 ＝ 11）

D. （获得 答复 的长度 ≠ 11）

※ **核心考点**

考点 3：选择结构。

※ **思路分析**

该题已经给出了所要实现的效果，要求考生选择正确的判断条件。

※ **考题解答**

已知题干中给出的信息，需要"获得答复"积木给出长度是否等于 11 来判断条件是否成立。选项 A 和选项 B 都为"获得答复"的内容，所以排除。选项 D 为"获得答复"的长度不等于 11，与题干要求不符，所以排除。只有选项 C 为"获得答复"的长度为 11，符合题意，所以选择此选项。

考题 4

（真题·2019 年 12 月）"害虫"和"杀虫洞"的初始位置如图 10-22 所示。现在要为角色"杀虫洞"添加脚本。以下选项中，能实现当"害虫"碰到"杀虫洞"后就会被"杀虫洞"吞噬消灭效果的是（　　）。

图　10-22

A.

B.

C.

D.

※ 核心考点

考点 4：程序结构的组合使用。

※ 思路分析

该题主要考查循环结构与选择结构的组合使用。

※ 考题解答

选项 A 实现的效果是单击"开始"按钮运行游戏后"害虫"立刻隐藏，不符合"害虫"碰到"杀虫洞"后再隐藏的效果，故排除。选项 B、C 缺少"重复执行"积木，不能持续侦测"如果＜＞"积木的条件是否被满足，无法满足题目要求，故可排除。选项 D 的"重复执行"积木与"如果＜＞"积木组合使用实现持续侦测的效果，且当条件"害虫碰到杀虫洞"被满足后，告诉"害虫"隐藏，即实现了"害虫"被"杀虫洞"吞噬消灭的效果，满足题意。因此答案是 D。

考题 5

运行图 10-23 所示的脚本，按下并松开按键 a，使用鼠标单击角色，角色会（　　）。

图　10-23

A．变小　　　　B．变大　　　　C．不发生变化　　　　D．消失

※ 核心考点

考点 5：脚本停止和重启积木的使用。

※ 思路分析

此题考查的是"停止 [全部脚本]"积木的使用，它的作用是可以停止整个所有在运行的积木。如果脚本的开端是"事件触发"，例如，"如果 [按下 / 放开] 按键 [a]"积木和"当角色被 [点击]"积木，该脚本仍然可以被再次触发并执行。

※ 考题解答

按下按键 a，程序的脚本都停止，使用鼠标单击角色，"当角色被 [点击]"积木会被触发，因此角色会变小，答案是 A。

※ 举一反三

运行如图 10-24 所示脚本，按下并放开按键 a 后，该角色将（　　）。

图　10-24

A．不断变大　　　　　　　　　B．不断减小
C．颜色不断变化　　　　　　　D．颜色和大小都不再变化

巩固练习

1. 如图 10-25 所示，舞台上有一支"笔"，"笔"的初始朝向为 0 度。运行"笔"的脚本，绘制的图形是（　　）。

A. 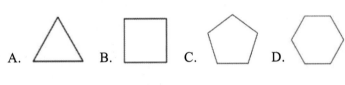 B. C. D.

图　10-25

2. 已知舞台上有"小鸡"和"毛毛虫"两个角色，"毛毛虫"位于"小鸡"右边 30 步位置，小鸡的移动程序如图 10-26 所示，以下操作能帮助"小鸡"走到"毛毛虫"所在位置的是（　　）。

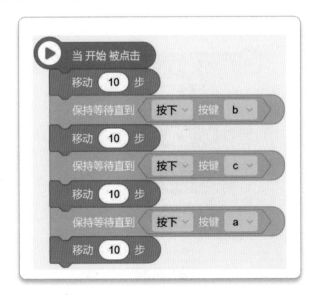

图　10-26

A. 依次按下按键 b、c、a　　　　B. 依次按下按键 a、b、c

C. 依次按下按键 b、c　　　　　　D. 依次按下按键 c、a

3．已知角色"小可"的程序代码如图 10-27 所示，单击开始运行程序，依次按下空格键 7 次，最后"小可"向右移动的步数是（   ）步。

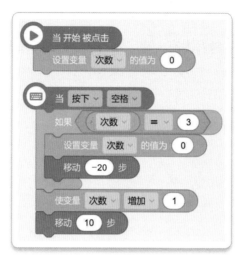

图 10-27

A．70　　　　　B．50　　　　　C．30　　　　　D．10

4．在源码世界有一只精灵，它的控制方式非常奇怪。请仔细观察它的控制程序，如图 10-28 所示。如果要让精灵向下移动，那么玩家应该进行的操作是（   ）。

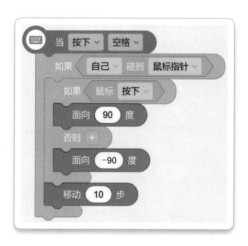

图 10-28

A．将鼠标指针移到精灵上

B．将鼠标指针移到精灵上，并且按下鼠标左键

C．按下空格键，同时将鼠标指针移到精灵上

D．按下空格键，同时将鼠标指针移到精灵上，并且按下鼠标左键

5．我们要为三只怪物编程，让它们在舞台中左右移动，当它们碰到边缘或者其他怪物时，立刻向反方向移动。"怪物 1"的脚本如图 10-29 所示，已知程序开始后，"怪物 1"先后碰到了舞台左边缘和"怪物 2"，那么此时变量"步数"的值为（　　）。

图　10-29

A．−1　　　　　B．−2　　　　　C．−4　　　　　D．−5

6．如图 10-30 所示，放开按键 a 后，该角色将（　　）。

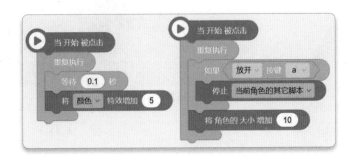

图　10-30

A．不断变大　　　　　　　B．不断减小
C．颜色不断变化　　　　　D．颜色和大小都不再变化

7. 如图 10-31 所示的是"大黄鸡"和"草灵灵"的脚本，当按下鼠标时，会出现的效果是（   ）。

A. 每次按下鼠标，"大黄鸡"都会增大并左右翻转，"草灵灵"会不断移动并碰到边缘就反弹

B. 每次按下鼠标，"大黄鸡"只会增大，"草灵灵"会不断移动并碰到边缘就反弹

C. 每次按下鼠标，"大黄鸡"都会增大并左右翻转，"草灵灵"则不再移动

D. "大黄鸡"和"草灵灵"都不再变化

"大黄鸡"脚本

"草灵灵"脚本

图 10-31

8. 3 月 12 日的植树节虽然已过去，但是同学们的热情依然不减。请根据给定的素材完成植树作品。

程序预期效果如下。

（1）请使用画板绘制新角色"小树"，参考图形如图 10-32 所示。（3 分）

（2）如图 10-33 所示，"水壶"跟随鼠标移动，当按下鼠标时，"水壶"变为浇水状态（造型 2）；当松开鼠标后，"水壶"变为初始状态（造型 1）。（5 分）

（3）每浇水一次，"小树"就会变大，变量"浇水次数"加 1。（6 分）

（4）当变量"浇水次数"大于等于 5 时，"雷电猴"逐渐显示，并使用对话框输出"爱护花草树木，人人有责"。（6 分）

图 10-32

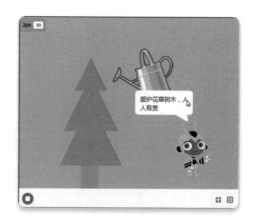

图 10-33

扫描二维码下载文件：专题 10 巩固练习 8 的预置文件。

程 序 调 试

编写较为复杂的程序时，很难一步编写到位，需要不断地去修改和完善。这就要求我们应善于对程序进行调试，找出程序中的问题。程序调试是学习每个程序设计语言都需要掌握的基础知识和能力。本专题，我们将一起去了解常用的调试方法。

考查方向

⭐ 能力考评方向

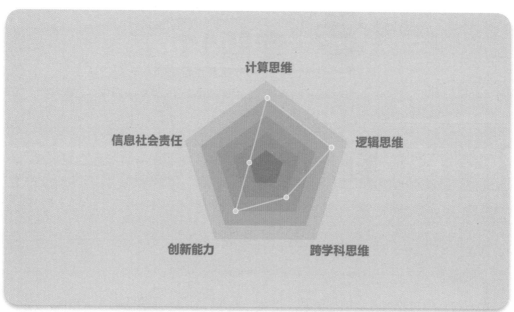

⭐ 知识结构导图

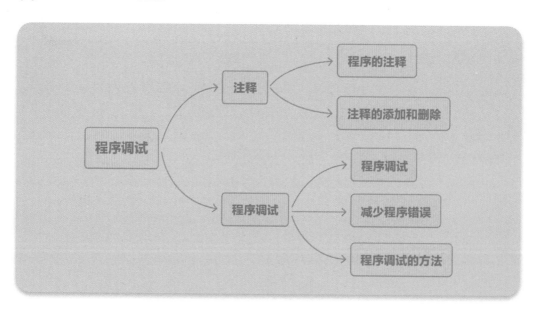

考点 1 注释

考 点 评 估		考 查 要 求
重要程度	★★★☆☆	1．了解注释的作用；
难度	★☆☆☆☆	2．掌握添加和删除注释的方法
考查题型	操作题	

1．程序的注释

程序的注释是指在程序中添加的解释性文字或信息。程序中的注释不会被执行。在编写比较复杂的程序时，添加合理的注释能够帮助我们理解程序。如图 11-1 所示，脚本中添加了一段文字对脚本进行解释，但这段文字并不会被执行。

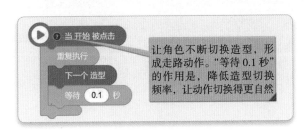

图 11-1

2．注释的添加和删除

如图 11-2 所示，右击想添加注释的积木，会弹出一个菜单；单击"添加注释"选项，就会弹出输入注释的方框。已经添加注释的地方会显示一个问号，单击问号，能够收起或展开注释。

图 11-2

如图 11-3 所示，右击积木上的问号，选择"删除注释"选项，可以删除注释。

图　11-3

考点评估		考查要求
重要程度	★★★★☆	1．了解程序调试的作用和意义；
难度	★★★☆☆	2．了解常用的程序调试的方法
考查题型	操作题	

1．程序调试

程序错误又称为 Bug，在程序开发过程中是不可避免的。使用 Kitten 编辑器编写程序，虽然不会出现语法错误，但可能会出现程序逻辑错误。

如果程序的运行效果和预期的不一样，就要对程序进行修改，即进行程序的调试，直到满足要求为止。

2．减少程序错误

培养良好的编程习惯，能够提高编程质量，减少程序错误。

（1）使用思维导图进行功能分析

编程前，对项目进行整体的分析和规划，借助思维导图（将在专题 12 中讲解）将项目的功能罗列出来。完成编程后，可以依据思维导图进行检查，看是否有功能遗漏。

（2）使用流程图进行程序分析

使用流程图（将在专题 12 中讲解）进行程序分析和程序流程的设计。对于复杂程序，先绘制流程图，再编写程序，能减少程序错误，也利于程序的调试。

（3）合理命名

在编写程序的过程中，经常要进行命名，如变量名、角色名、函数名等。一个能体现变量或函数等作用的名字能够帮助我们编写程序和理解程序。

（4）优化脚本

不要试图在一个脚本中实现全部功能，而应该根据功能划分为多个独立的小脚本，避免脚本过长或程序结构嵌套过深。例如，合理使用函数，将功能分配给不同的角色并避免使用多重条件结构等。

（5）添加注释

添加合适的注释。

3．程序调试的方法

程序调试的方法有很多种，合理运用才能有效地进行调试。

（1）观察程序效果

运行程序或者运行局部脚本，观察运行的效果，找出与预期效果不同的地方，推测程序错误的位置并进行修改。

（2）使用变量

让变量显示在舞台上，这样可以通过观察变量的数值变化分析程序逻辑。如图 11-4 所示，将"变量 A"和"变量 B"显示在舞台上，就能清楚地看到运算的过程。

（3）设置中断或延时

在程序中使用"等待（）秒""等待直到 <>"等积木形成中断或延时，以方便进行程序效果的观察和分析。如图 11-5 所示，在循环结构中添加"等待（1）秒"积木进行延时，能让我们清楚地看到程序的运行过程。

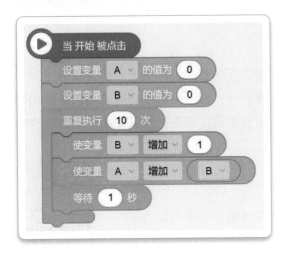

图　11-4

图　11-5

考点探秘

〉考题

（真题·2019年12月）如图11-6所示，象牙螺在绿茵球场练习踢足球，程序的预期效果如下。

（1）"象牙螺"能够随着鼠标移动。

（2）"象牙螺"碰到足球时，切换到"象牙螺2"的造型；"象牙螺"未碰到足球时，切换到"象牙螺1"的造型。

（3）足球被"象牙螺"碰到后会向上飞出，并呈现越来越小的效果，最终离开舞台上边缘。

然而，运行程序后，存在以下问题，请进行完善。

（1）角色"象牙螺"的脚本是散开的，请你进行拼接，实现效果（1）和效果（2）。（5分）

（2）角色"足球"的效果和效果（3）不同，请你修改其脚本，实现效果（3）。（5分）请使用源码编辑器（Kitten编辑器）打开预置文件进行创作。

扫描二维码下载文件：专题11考点探秘考题的预置文件。

图 11-6

※ 核心考点

考点2：程序调试。

※ 思路分析

此题给出了预置的程序文件和程序预期实现的效果，考生需对比预置程序运行效果和预期效果，对预置的积木进行拼接和修改。程序效果主要涉及角色造型切换和角色大小的变化，因此，通过观察可以很容易找出程序拼接的方法和需要修改的地方。

※ 考题解答

扫描二维码下载文件：专题11考点探秘考题的参考答案。

巩固练习

如图 11-7 所示的是汽车避障程序，其预期效果如下。

（1）按下"→"键，小车向右平移；按下"←"键，小车向左平移。

（2）障碍物和背景以相同的速度向下运动，呈现汽车向上移动的效果。

（3）当汽车碰到障碍物时，发送广播"碰到障碍物"，并显示角色"失败"，停止全部脚本。

运行程序后，发现程序存在一些问题，请进行完善。

（1）角色"汽车"的脚本是散开的，请你进行拼接，实现效果（1）。（5分）

（2）角色"失败"的脚本有一些错误，请修改其脚本，实现效果（3）。（5分）

请使用源码编辑器（Kitten 编辑器）打开预置文件进行创作。

扫描二维码下载文件：专题 11 巩固练习的预置文件。

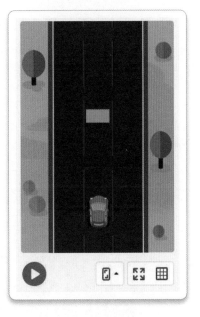

图 11-7

专题12

思维导图和流程图

　　思维导图和流程图对我们的学习和生活都有很大的帮助。把所学的知识用思维导图的形式展现出来，不仅可以系统化地整理知识点，还可以联想出更多解决问题的思路。在编程中使用流程图，能帮助我们设计程序、理解程序和发现程序中的错误。本专题，我们一起来了解什么是思维导图和流程图。

考查方向

★ 能力考评方向

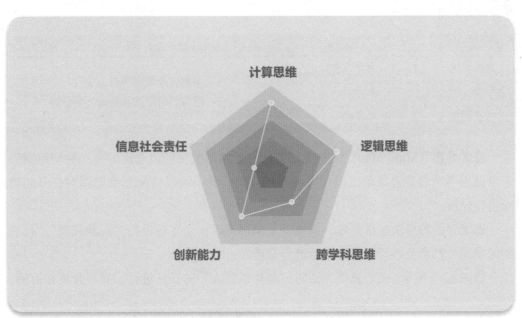

★ 知识结构导图

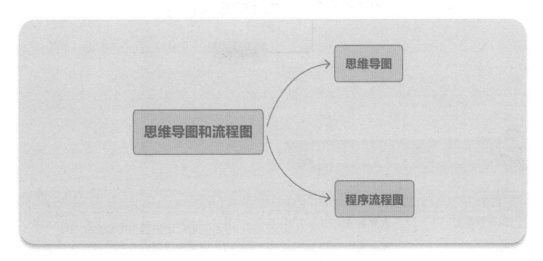

考点 1 思维导图

考 点 评 估		考 查 要 求
重要程度	★★☆☆☆	1. 了解思维导图的概念；
难度	★☆☆☆☆	2. 能够利用思维导图做简单分析
考查题型	操作题	

思维导图（Mind Map）又称为心智图、思维图或头脑风暴图，是一种使用图形来帮助思考与表达思维的工具。在编写程序前，我们可以借助思维导图对任务的需求进行分析。

思维导图的用法非常简单，围绕一个单词或者一个主题进行"头脑风暴"，把想到的字词、概念全部写下来，最后进行筛选。

如图 12-1 所示，使用思维导图对"制作机器人"的任务进行了简单分析和拆解。

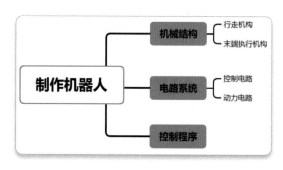

图 12-1

考点 2 程序流程图

考 点 评 估		考 查 要 求
重要程度	★★★★☆	1. 了解程序流程图的概念；
难度	★★★☆☆	2. 识记流程图中常用的符号；
考查题型	操作题	3. 能够读懂简单的流程图

　　程序流程图使用图形符号来表示解决问题的步骤或程序流程。在编写程序前，使用流程图设计程序流程，能提高程序编写的效率。如图 12-2 所示的是一个流程图的实例。

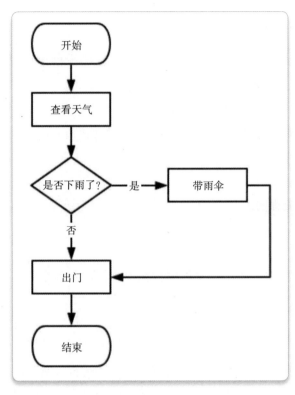

图　12-2

　　流程图常用的图形符号及含义如表 12-1 所示。

表　12-1

名　　称	说　　明	图 形 符 号
起止符号	表示程序的开始或结束	
输入 / 输出符号	表示数据输入或输出的结果	
程序符号	程序中一般过程，是流程图中使用最多的图形符号	
条件判断符号	进行条件选择	
流向符号	图形符号之间的连接线，箭头方向表示工作流向	

考点探秘

➤ 考题

（真题·2019 年 12 月）图 12-3 描述的是根据天气情况选择特定活动的流程。天气预报将会下雨，则选择的活动是（　　）。

A．打篮球　　　　　　　　　　B．看书

C．先看书，再打篮球　　　　　D．先打篮球，再看书

※ 核心考点

考点 2：程序流程图。

※ 思路分析

题目给出了流程图，要求考生能够读懂流程图，判断在给定条件下程序执行的过程。

※ 考题解答

题干中给出的条件是"下雨"，经过选择符号"是否天晴"后，工作流向是"否"的分支，对应的程序符号是"看书"。程序符号"看书"后的工作流向指向程序结束符号。因此答案是 B。

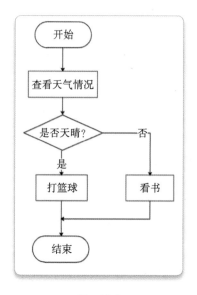

图　12-3

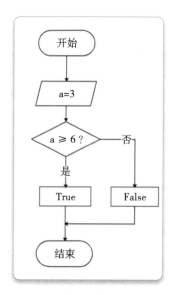

图　12-4

※ **举一反三**

如图 12-4 所示的流程图中，经过条件判断符号后，工作的流向指向的是（　　　）。

A．True　　　　　B．False　　　　　C．Not　　　　　D．None

巩固练习

图 12-5 所示的脚本积木与流程图对应，则"?"处应填写 ＿＿＿。

注：勿填写空格或换行。

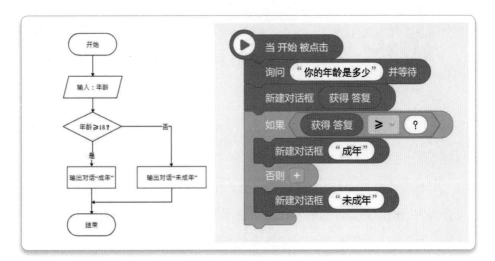

图　12-5

专题13

知识产权与信息安全

你曾遇到过微信、QQ 被盗，个人信息泄露的情况吗？你给自己设置密码的原则是什么呢？在这个快速发展的数据化创新时代，我们要具有保护知识产权和维护信息安全的意识。

考查方向

★ 能力考评方向

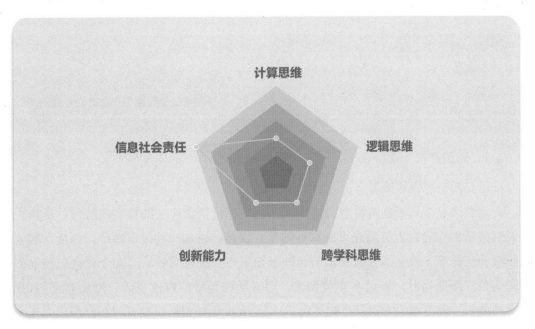

★ 知识结构导图

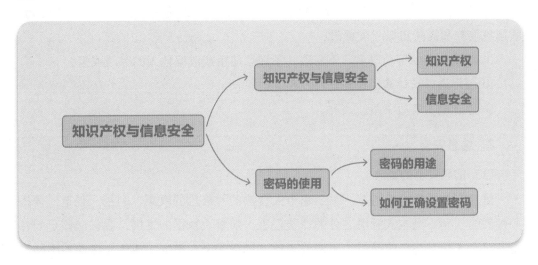

考点清单

 考点1 知识产权与信息安全

考点评估		考查要求
重要程度	★★☆☆☆	1．了解知识产权与信息安全的基本概念；
难度	★☆☆☆☆	2．具备初步的版权意识和信息安全意识
考查题型	操作题	

专题13

1．知识产权

（1）知识产权的概念

知识产权是基于创造性智力成果和工商业标记依法产生的权利的统称，是指人们对其所创作的智力劳动成果所享有的专有权利，也是一种无形财产，包括专利著作权和商标等。根据国务院颁布的《国家知识产权战略纲要》："在全社会弘扬以创新为荣、剽窃为耻，以诚实守信为荣、假冒欺骗为耻的道德观念，形成尊重知识、崇尚创新、诚信守法的知识产权文化。"可见青少年知识产权教育问题已经成为当今创新社会的关注热点。

（2）具备初步的知识产权意识

在"科技创新，人才强国"的今天，版权意识显得尤为重要。从中小学生开始，就应该培养和提高知识产权意识。

① 尊重他人的劳动成果，不窃取，不随意使用或改编他人的劳动成果。

② 懂得通过法律途径保护好自己作品的版权。

③ 停止购买盗版书籍、资料。

2．信息安全

（1）信息安全的概念

信息安全是指保护国家、组织和个人合法的对信息的收集、利用、创造、传播和控制的权利不受本人意愿之外的非法侵害。随着大数据的发展，我们应该更加注意在对个人信息防护的同时，不要侵犯他人信息安全。根据《中华人民共和国网络安全法》第七十六条规定："个人信息，是指以电子或者其他方式记录的能够单独或者与其他信息结合识别自然人个人身份的各种信息，包括但不限于自然人的姓名、出生日期、身份证件号码、个人生物识别信息、住址、电话号码等。"

（2）信息安全意识

信息安全意识分为信息安全防范意识和信息安全责任意识。每个人在日常生活中都会登录各种用户信息，比如微信、QQ、微博、支付宝等，这些用户信息的使用不可避免，与此同时，这些用户信息也成了不法分子的窃取目标。因此，我们必须时刻保持警惕，提高自身信息的安全意识，拒绝下载不明来源的软件，绝不点击不明网址，多个账号不使用同一个密码同时要提高密码的安全等级，加强自身信息安全防护能力。

考点 2　密码的使用

考 点 评 估		考 查 要 求
重要程度	★★☆☆☆	1. 了解密码的用途；
难度	★☆☆☆☆	2. 能够正确设置密码并对他人保密，保护自己的账号安全
考查题型	操作题	

1. 密码的用途

密码作为信息时代的通行证、登录个人信息的保障，我们需要清晰地认识到密码的用途是为了更好地保证信息安全，一定要保护好密码，提高安全意识，保护自己的个人信息和财产安全。

2. 如何正确设置密码

为了保护自己的信息安全，密码的设置必不可少。在设置密码时，以下几点需要引起重视。

（1）密码长度设置不宜过短（具体依据要求而定，通常不低于 6 位）。

（2）设置密码时为了提高安全性，密码可以同时包含大小写字母、数字和特殊符号。

（3）尽量避免使用姓名汉语拼音、姓名缩写、个人生日、证件号码、手机号码等作为密码。

（4）尽量避免不同账号的密码重复。

考点探秘

考题

（真题·2019 年 12 月）网络的普及带给我们很多便利，同时也带来了很多潜在的风险。下列说法合理的是（　　）。

A．没有经过父母同意，不把自己及家人的真实信息在网上告诉其他人

B．将私人账号密码都设置成 123456

C．网络上能够免费下载的图片都可以作为商业用途

D．在网络社区里可以随便骂人，反正他们也找不到我

※ **核心考点**

考点 1：知识产权。

考点 2：密码的使用。

※ **思路分析**

该题考查的是考生对于知识产权和信息安全相关知识点的掌握程度，判断合理的行为和观念。通过仔细阅读选项，可首先排除说法过于绝对的选项，再根据所学知识和常识选出正确答案。

※ **考题解答**

设置密码时，应尽量避免多个账号重复使用同一密码，排除选项 B。我们要尊重他人的知识产权，同时他人的作品也受到法律的保护，若随意作为商业用途，则在违反了法律的同时也侵犯了他人的知识产权，排除选项 C。作为素质教育的一部分，在虚拟网络中需要懂得最基本的礼仪，排除选项 D。父母对于信息安全的判断力比作为青少年的我们要强，在未经过父母同意的情况下，不要随意将自己及家人的真实信息告诉其他人，选项 A 相对合理。因此答案是 A。

巩固练习

1．以下说法不合理的是（　　）。

A．盗版书比较便宜，为了省钱，可以购买

B．阿短设置自己的 QQ 密码时，既包含了大小写字母也包含了特殊符号

C．不能在网站上随意下载不明来源的软件

D．个人隐私不能随便在网络上发布

2．每年的 4 月 26 日是"世界知识产权日"，小可针对这个主题为班级制作了一次黑板报。以下是她制作的板报中的几点内容，其中不合理的是（　　）。

A．出版的图书中引用他人的研究成果，必须标明出处

B．支持正版，拒绝盗版

C．通过合法的途径保护自己的发明专利

D．在论坛或者博客中，可以自由使用已标明作者和出处的图片、视频

专题14

虚拟社区中的道德与礼仪

在网络环境中进行交流已经成为大部分人的沟通方式。虚拟环境下，我们更应该重视对道德与礼仪的培养，从而使网络环境有更好的氛围。

考查方向

★ 能力考评方向

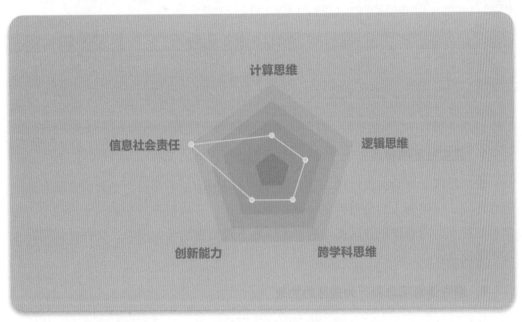

★ 知识结构导图

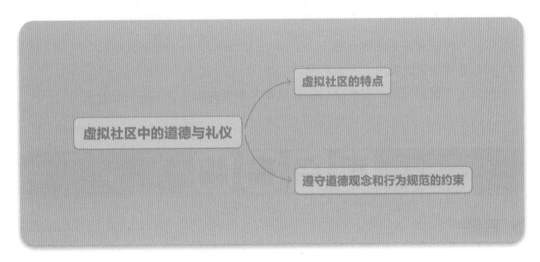

考点清单

 考点 虚拟社区中的道德与礼仪

考点评估		考查要求
重要程度	★★☆☆☆	了解在虚拟社区上与他人进行交流的基本礼仪，尊重他人的观点，礼貌用语
难度	★☆☆☆☆	
考查题型	选择题	

1. 虚拟社区的特点

虚拟社区又称为在线社区，是人们通过互联网沟通的平台，是人们交流互动的理想环境。正因为人们通过网络彼此交流、沟通、分享信息与知识，才形成了其虚拟性的特点。随着虚拟社区的不断扩大，在方便信息交流的同时，交往道德问题也逐渐显现。

2. 遵守道德观念和行为规范的约束

在互联网如此发达的今天，社交网络遍布全世界，大家通过网络进行交流沟通的同时也要遵循必要的道德和行为规范。作为中小学生，在网络交流时应注意以下几点。

（1）使用文明用语。

（2）不得随意举报或辱骂他人。

（3）尊重他人的观点，礼貌沟通。

（4）不在虚拟网络中发表虚假信息或夸大事实的信息，以免引起恐慌。

考点探秘

> ## 考题

下列说法不合理的是（ ）。

A．不要轻易将自己的真实信息告诉陌生人

B．不能在网上肆意摘抄别人作品中的成果作为商业用途

C．在社区中转发危言耸听的言论

D．在微博中发表评论时，要注意文明用语，不要进行人身攻击

※ 核心考点

考点：虚拟社区中的道德与礼仪。

※ 思路分析

该题考查的是考生是否能够正确遵守虚拟社区中道德观念和行为规范，需仔细阅读选项，分析各选项是否符合题意。

※ 考题解答

我们要有强烈的信息安全意识，选项 A 说法合理。我们应尊重他人的劳动成果，树立版权意识，选项 B 说法合理。不得在虚拟网络中发表虚假或夸大事实的信息，以免引起恐慌，选项 C 不合理。在虚拟社区中要使用文明用语，尊重他人，选项 D 合理。因此答案是 C。

巩固练习

1．下列说法不合理的是（　　）。

A．在网络上随意发布同学的私人照片

B．在原作者同意的情况下，可以通过购买来获得其作品的使用权

C．在社区发布的信息中，要学会识别信息的真实性，不能随意转发不实言论

D．在论坛中评论时，要注意文明用语，不要进行人身攻击

2．下列说法合理的是（　　）。

A．不喜欢的明星，可以在网上辱骂他

B．不管是在网络上还是在现实生活中，我们都应该懂礼貌，用文明用语

C．在未经过原作者同意的情况下，使用他的作品并随意售卖

D．讨厌谁就把他的个人信息公布到网上

附　　录

附录一

青少年编程能力等级标准：第1部分

1 范围

本标准规定了青少年编程能力的等级划分及其相关能力要求。

本部分为本标准的第 1 部分，给出了青少年图形化编程能力的等级及其相关能力要求。

其他部分将根据各个不同的编程语言和领域，给出相应的青少年编程能力的等级及其相关能力要求。

本部分适用于青少年图形化编程能力教学、培训及考核。

2 规范性引用文件

下列文件对于本文件的应用必不可少。凡是注明日期的引用文件，仅注明日期的版本适用于本文件。凡是不注明日期的引用文件，其最新版本（包括所有的修改单）适用于本文件。

《信息技术 学习、教育和培训 测试试题信息模型》（GB/T 29802—2013）

3 术语和定义

3.1 图形化编程平台

面向青少年设计的学习软件程序设计的平台。无须编写文本代码，只需要通过鼠标将具有特定功能的指令模块按照逻辑关系拼装起来就可以实现编程。图形化编程平台通常包含舞台区来展示程序运行的效果，用户可以使用图形化编程平台完成动画、游戏、互动艺术等编程作品。

3.2 指令模块

图形化编程平台中预定义的基本程序块或控件。在常见的图形化编程平台通常被称为"积木"。

3.3 角色

图形化编程平台操作的对象，在舞台区执行命令，按照编写的程序活动。可以通过平台的素材库、本地文件或画板绘制导入。

3.4 背景

角色活动所对应的场景，为角色的活动提供合适的环境。可以通过本地文件、素材库导入。

3.5 舞台

承载角色和背景动作的区域。

3.6 脚本

对应的角色或背景下的执行程序。

3.7 程序

包含背景、角色、实现对应功能的脚本的集合，可以在计算机上进行运行并在舞台区中展示效果。

3.8 函数 / 自定义模块

函数 / 自定义模块是组织好、可重复使用、实现了单一或相关联功能的程序段，可以提高程序的模块化程度和脚本的重复利用率。

3.9 了解

对知识、概念或操作有基本的认知，能够记忆和复述所学的知识，能够区分不同概念之间的差别或者复现相关的操作。

3.10 掌握

能够理解事物背后的机制和原理，能够把所学的知识和技能正确地迁移到类似的场景中，以解决类似的问题。

3.11 综合应用

能够根据不同的场景和问题进行综合分析，并灵活运用所学的知识和技能创造性地解决问题。

4 图形化环境编程能力等级概述

本部分将基于图形化编程平台的编程能力划分为三个等级。每个等级分别规定相应的总体要求及对核心知识点的掌握程度和对知识点的能力要求。本部分第5、6、7章规定的要求均为应用图形化编程平台的编程能力要求，不适用于完全使用程序设计语言编程的情况。

依据本部分进行的编程能力等级测试和认证，均应使用图形化编程平台，应符合相应等级的总体要求及对核心知识点的掌握程度和对知识点的能力要求。

本部分不限定图形化编程平台的具体产品，基于典型图形化编程平台的应用案例作为示例和资料性附录给出。

青少年编程能力等级（图形化编程）共包括三个级别，具体描述如附表 1 所示。

附表 1　图形化编程能力等级划分

等　　级	能　力　要　求	能力要求说明
图形化编程一级	基本图形化编程能力	掌握图形化编程平台的使用，应用顺序、循环、选择三种基本的程序结构，编写结构良好的简单程序，解决简单问题
图形化编程二级	初步程序设计能力	掌握更多编程知识和技能，能够根据实际问题的需求设计和编写程序，解决复杂问题，创作编程作品，具备一定的计算思维
图形化编程三级	算法设计与应用能力	综合应用所学的编程知识和技能，合理地选择数据结构和算法，设计和编写程序解决实际问题，完成复杂项目，具备良好的计算思维和设计思维

5　图形化编程一级核心知识点及能力要求

5.1　综合能力及适用性要求

要求能够使用图形化编程平台，应用顺序、循环、选择三种基本的程序结构，编写结构良好的简单程序，解决简单问题。

例：编程实现接苹果的小游戏，苹果每次从舞台上方随机位置出现并下落。如果落出舞台或者被篮子接到就隐藏，然后重新在舞台上方随机位置出现，并重复下落。被篮子接到则游戏分数加 1。

图形化编程一级综合能力要求分为以下几项。

- 编程技术能力：能够阅读并理解简单的脚本，并能预测脚本的运行结果；能够通过观察运行结果的方式对简单程序进行调试；能够为变量、消息进行规范命名。
- 应用能力：能够应用图形化编程环境编写简单程序，解决一些简单的问题。
- 创新能力：能够使用图形化编程环境创作包含单个场景、少量角色的简单动画或者小游戏。

图形化编程一级与青少年学业存在以下适用性要求。

- 阅读能力要求：认识一定量的汉字并能够阅读简单的中文内容。

- 数学能力要求：掌握简单的整数四则运算；了解小数的概念；了解方向和角度的概念。
- 操作能力要求：掌握鼠标和键盘的使用。

5.2 核心知识点能力要求

图形化编程一级包括 14 个核心知识点，具体说明如附表 2 所示。

附表 2　图形化编程一级核心知识点及能力要求

编　号	名　　称	能　力　要　求
1	图形化编辑器的使用	了解图形化编程的基本概念、图形化编程平台的组成和常见功能，能够熟练使用一种图形化编程平台的基础功能
1.1	图形化编辑器的基本要素	掌握图形化编辑器的基本要素之间的关系。 例：舞台、角色、造型、脚本之间的关系
1.2	图形化编辑器主要区域的划分及使用	掌握图形化编辑器的基本区域的划分及基本使用方法。 例：了解舞台区、角色区、指令模块区、脚本区的划分；掌握如何添加角色、背景、音乐等素材
1.3	脚本编辑器的使用	掌握脚本编辑器的使用，能够拖曳指令模块拼搭成脚本和修改指令模块中的参数
1.4	编辑工具的基本使用	了解基本编辑工具的功能，能够使用基本编辑工具编辑背景、造型，以及录制和编辑声音
1.5	基本文件操作	了解基本的文件操作，能够使用功能组件打开、新建、命名和保存文件
1.6	程序的启动和停止	掌握使用功能组件启动和停止程序的方法。 例：能够使用平台工具自带的开始和终止按钮启动与停止程序
2	常见指令模块的使用	掌握常见的指令模块，能够使用基础指令模块编写脚本实现相关功能
2.1	背景移动和变换	掌握背景移动和变换的指令模块，能够实现背景移动和变换。 例：进行背景的切换
2.2	角色平移和旋转	掌握角色平移和旋转的指令模块，能够实现角色的平移和旋转
2.3	控制角色运动方向	掌握控制角色运动方向的指令模块，能够控制角色运动的方向
2.4	角色的显示、隐藏	掌握角色显示、隐藏的指令模块，能够实现角色的显示和隐藏
2.5	造型的切换	掌握造型切换的指令模块，能够实现造型的切换
2.6	设置角色的外观属性	掌握设置角色外观属性的指令模块，能够设置角色的外观属性。 例：能够改变角色的颜色或者大小

续表

编 号	名 称	能 力 要 求
2.7	音乐或音效的播放	掌握播放音乐相关的指令模块，能够实现音乐的播放
2.8	侦测功能	掌握颜色、距离、按键、鼠标、碰到角色的指令模块，能够对颜色、距离、按键、鼠标、碰到角色进行侦测
2.9	输入、输出互动	掌握询问和答复指令模块，能够使用询问和答复指令模块实现输入、输出互动
3	二维坐标系基本概念	了解二维坐标系的基本概念
3.1	二维坐标的表示	了解用 (x,y) 表达二维坐标的方式
3.2	位置与坐标	了解 x、y 的值对坐标位置的影响。 例：了解当 y 值减少，角色在舞台上沿竖直方向下落
4	画板编辑器的基本使用	掌握画板编辑器的基本绘图功能
4.1	绘制简单角色造型或背景	掌握图形绘制和颜色填充的方法，能够进行简单角色造型或背景图案的设计。 例：使用画板设计绘制一个简单的人物角色造型
4.2	图形的复制及删除	掌握图形复制和删除的方法
4.3	图层的概念	了解图层的概念，能够使用图层来设计造型或背景
5	基本运算操作	了解运算相关指令模块，完成简单的运算和操作
5.1	算术运算	掌握加、减、乘、除运算指令模块，完成自然数的四则运算
5.2	关系运算	掌握关系运算指令模块，完成简单的数值比较。 例：判断游戏分数是否大于某个数值
5.3	字符串的基本操作	了解字符串的概念和基本操作，包括字符串的拼接和长度检测。 例：将输入的字符串"12"和"cm"拼接成"12cm"；或者判断输入字符串的长度是否是 11 位
5.4	随机数	了解随机数指令模块，能够生成随机的整数。 例：生成大小在－200 到 200 之间的随机数
6	画笔功能	掌握抬笔、落笔、清空、设置画笔属性及印章指令模块，能够绘制出简单的几何图形。 例：使用画笔绘制三角形和正方形
7	事件	了解事件的基本概念，能够正确使用单击"开始"按钮、键盘按下、角色被单击事件。 例：能够利用方向键控制角色上、下、左、右移动
8	消息的广播与处理	了解广播和消息处理的机制，能够利用广播指令模块实现两个角色间的消息的单向传递

续表

编 号	名 称	能 力 要 求
8.1	定义广播消息	掌握广播消息指令模块，能够使用指令模块定义广播消息并合理命名
8.2	广播消息的处理	掌握收到广播消息指令模块，让角色接收对应消息并执行相关脚本
9	变量	了解变量的概念，能够创建变量并且在程序中简单使用。 例：用变量实现游戏的计分功能，接苹果游戏中苹果碰到篮子得分加一
10	基本程序结构	了解顺序、循环、选择结构的概念，掌握三种结构组合使用编写简单程序
10.1	顺序结构	掌握顺序结构的概念，理解程序是按照指令顺序一步一步执行的
10.2	循环结构	了解循环结构的概念，掌握重复执行指令模块，实现无限循环、有次数的循环
10.3	选择结构	了解选择结构的概念，掌握单分支和双分支的条件判断
11	程序调试	了解调试的概念，能够通过观察程序的运行结果对简单程序进行调试
12	思维导图与流程图	了解思维导图和流程图的概念，能够使用思维导图辅助程序设计并识读简单的流程图
13	知识产权与信息安全	了解知识产权与信息安全的基本概念，具备初步的版权意识和信息安全意识
13.1	知识产权	了解知识产权的概念，尊重他人的劳动成果。 例：在对他人的作品进行改编或者在自己的作品中使用他人的成果，要先征求他人同意
13.2	密码的使用	了解密码的用途，能够正确设置密码并对他人保密，保护自己的账号安全
14	虚拟社区中的道德与礼仪	了解在虚拟社区上与他人进行交流的基本礼仪，尊重他人的观点，礼貌用语

5.3 标准符合性规定

5.3.1 标准符合性总体要求

课程、教材与能力测试应符合本部分第 5 章的要求，本部分以下内容涉及的"一级"均指本部分第 5 章规定的"一级"。

5.3.2 课程与教材的标准符合性

课程与教材的总体教学目标不低于一级的综合能力要求，课程与教材的内容涵盖了一级的核心知识点并不低于各知识点的能力要求，则认为该课程或教材符合一级标准。

5.3.3 测试的标准符合性

青少年编程能力等级（图形化编程）一级测试包含了对一级综合能力测试且不低于综合能力要求，测试题均匀覆盖了一级核心知识点并且难度不低于各知识点的能力要求。

用于交换和共享的青少年编程能力等级测试及试题应符合《信息技术 学习、教育和培训 测试试题信息模型》（GB/T 29802—2013）的规定。

5.4 能力测试形式与环境要求

青少年编程能力等级（图形化编程）一级测试应明确测试形式及测试环境，具体要求如附表 3 所示。

附表 3 图形化编程一级能力测试形式与环境要求

内 容	描 述
考试形式	客观题与主观编程创作两种题型，主观题分数占比不低于30%
考试环境	能够进行符合本部分要求的测试的图形化编程环境

6 图形化编程二级核心知识点及能力要求

6.1 综合能力及适用性要求

在一级能力要求的基础上，要求能够掌握更多编程知识和技能，能够根据实际问题的需求设计和编写程序，解决复杂问题，创作编程作品，具备一定的计算思维。

示例：设计一个春、夏、秋、冬四季多种农作物生长的动画，动画内容要求体现出每个季节场景中不同农作物生长状况的差异。

图形化编程二级综合能力要求如下。

- 编程技术能力：能够阅读并理解具有复杂逻辑关系的脚本，并能预测脚本的运行结果；能够使用基本调试方法对程序进行纠错和调试；能够合理地对程序注释。
- 应用能力：能够根据实际问题的需求设计和编写程序，解决复杂问题。
- 创新能力：能够根据给定的主题场景创作多个屏幕、多个场景和多个角色进行交互的动画和游戏作品。

图形化编程二级与青少年学业存在以下适用性要求。

- 前序能力要求：具备图形化编程一级所描述的适用性要求。
- 数学能力要求：掌握小数和角度的概念；了解负数的基本概念。
- 操作能力要求：熟练操作计算机，熟练使用鼠标和键盘。

6.2　核心知识点能力要求

青少年编程能力等级（图形化编程）二级包括 14 个核心知识点，具体说明如附表 4 所示。

附表 4　图形化编程二级核心知识点及能力要求

编　号	名　　称	能　力　要　求
1	二维坐标系	掌握二维坐标系的基本概念
1.1	坐标系术语	了解 x 轴、y 轴、原点和象限的概念
1.2	坐标的计算	掌握坐标计算的方法，能够通过计算和坐标设置在舞台上精准定位角色
2	画板编辑器的使用	掌握画板编辑器的常用功能
2.1	图层的概念	掌握图层的概念，能够使用图层来设计造型或背景
3	运算操作	掌握运算相关指令模块，完成常见的运算和操作
3.1	算术运算	掌握算术运算的概念，完成常见的四则运算，向上、向下取整和四舍五入，并在程序中综合应用
3.2	关系运算	掌握关系运算的概念，完成常见的数据比较，并在程序中综合应用。 例：在账号登录的场景下，判断两个字符串是否相同，验证密码
3.3	逻辑运算	掌握与、或、非逻辑运算指令模块，完成逻辑判断
3.4	字符串操作	掌握字符串的基本操作，能够获取字符串中的某个字符，能够检测字符串中是否包含某个子字符串
3.5	随机数	掌握随机数的概念，结合算术运算生成随机的整数或小数，并在程序中综合应用。 例：让角色等待 0 ~ 1 秒的任意时间
4	画笔功能	掌握画笔功能，能够结合算术运算、转向和平移绘制出丰富的几何图形。 例：使用画笔绘制五环或者正多边形组成的繁花图案等
5	事件	掌握事件的概念，能够正确使用常见的事件，并能够在程序中综合应用

续表

编　号	名　　称	能力要求
6	消息的广播与处理	掌握广播和消息处理的机制，能够利用广播指令模块实现多角色间的消息传递。 例：当游戏失败时，广播失败消息通知其他角色停止运行
7	变量	掌握变量的用法，在程序中综合应用，实现所需效果。 例：用变量记录程序运行状态，根据不同的变量值执行不同的脚本；用变量解决如鸡兔同笼等数学问题
8	列表	了解列表的概念，掌握列表的基本操作
8.1	列表的创建、删除与显示或隐藏状态	掌握列表创建、删除和在舞台上显示/隐藏的方法，能够在程序中正确使用列表
8.2	添加、删除、修改和获取列表中的元素	掌握向列表中添加、删除元素、修改和获取特定位置的元素的指令模块
8.3	列表的查找与统计	掌握在列表中查找特定元素和统计列表长度的指令模块
9	函数	了解函数的概念和作用，能够创建和使用函数
9.1	函数的创建	了解创建函数的方法，能够创建无参数或有参数的函数，增加脚本的复用性
9.2	函数的调用	了解函数调用的方法，能够在程序中正确使用
10	计时器	掌握计时器指令模块，能够使用计时器实现时间统计功能，并能实现超时判断
11	克隆	了解克隆的概念，掌握克隆相关指令模块，让程序自动生成大量行为相似的克隆角色
12	注释	掌握注释的概念及必要性，能够为脚本添加注释
13	程序结构	掌握顺序、循环、选择结构，综合应用三种结构编写具有一定逻辑复杂性的程序
13.1	循环结构	掌握循环结构的概念、有终止条件的循环和嵌套循环结构
13.2	选择结构	掌握多分支的选择结构和嵌套选择结构的条件判断
14	程序调试	掌握程序调试，能够通过观察程序运行结果和变量的数值对 bug 进行定位，对程序进行调试
15	流程图	掌握流程图的基本概念，能够使用流程图设计程序流程
16	知识产权与信息安全	了解知识产权与信息安全的概念，了解网络中常见的安全问题及应对措施
16.1	知识产权	了解不同版权协议的限制，在程序中正确使用版权内容。 例：在自己的作品中可以使用 CC 版权协议的图片、音频等，并通过作品介绍等方式向原创者致谢

续表

编　号	名　称	能 力 要 求
16.2	网络安全问题	了解计算机病毒、钓鱼网站、木马程序的危害和相应的防御手段。 例：定期更新杀毒软件及进行系统检测，不轻易点开别人发送的链接等
17	虚拟社区中的道德与礼仪	了解虚拟社区中的道德与礼仪，能够在网络上与他人正常交流
17.1	信息搜索	了解信息搜索的方法，能够在网络上搜索信息，理解网络信息的真伪及优劣
17.2	积极健康的互动	了解在虚拟社区上与他人交流的礼仪，在社区上积极主动地与他人交流，乐于帮助他人和分享自己的作品

6.3　标准符合性规定

6.3.1　标准符合性总体要求

课程、教材与能力测试应符合本部分第 6 章的要求，本部分以下内容涉及的"二级"均指本部分第 6 章规定的"二级"。

6.3.2　课程与教材的标准符合性

课程与教材的总体教学目标不低于二级的综合能力要求，课程与教材的内容涵盖了二级的核心知识点并不低于各知识点的能力要求，则认为该课程或教材符合二级标准。

6.3.3　测试的标准符合性

青少年编程能力等级（图形化编程）二级测试包含了对二级综合能力的测试且不低于综合能力要求，测试题均覆盖了二级核心知识点并且难度不低于各知识点的能力要求。

用于交换和共享的青少年编程能力等级测试及试题应符合《信息技术 学习、教育和培训 测试试题信息模型》（GB/T 29802—2013）的规定。

6.4　能力考试形式与环境要求

青少年编程能力等级（图形化编程）二级测试应明确测试形式及测试环境，具体要求如附表 5 所示。

附表 5　图形化编程二级能力考试形式及环境要求

内　容	描　述
考试形式	客观题与主观编程创作两种题型，主观题分值不低于 30%
考试环境	能够进行符合本部分要求的测试的图形化编程环境

7　图形化编程三级核心知识点及能力要求

7.1　综合能力及适用性要求

在二级能力要求的基础上，要求能够综合应用所学的编程知识和技能，合理地选择数据结构和算法，设计和编写程序解决实际问题，完成复杂项目，具备良好的计算思维和设计思维。

示例：设计雪花飘落的动画，展示多种雪花的细节，教师引导学生观察雪花的一个花瓣，发现雪花的每一个花瓣都是一个树状结构。这个树状结构具有分形的特征，可以使用递归的方式绘制出来。

图形化编程三级综合能力要求如下。

- 编程技术能力：能够阅读并理解复杂程序，并能对程序的运行及展示效果进行预测；能够熟练利用多种调试方法对复杂程序进行纠错和调试。
- 应用能力：能够合理利用常用算法进行简单数据处理；具有分析、解决复杂问题的能力，在解决问题过程中体现出一定的计算思维和设计思维。
- 创新能力：能够根据项目需求发散思维，结合多领域、多学科知识，从人机交互、动画表现等方面进行设计创作，完成多屏幕、多场景和多角色进行交互的复杂项目。

图形化编程三级与青少年学业存在以下适用性要求。

- 前序能力要求：具备图形化编程一级、二级所描述的适用性要求。
- 数学能力要求：了解概率的概念。

7.2　核心知识点能力要求

青少年编程能力等级（图形化编程）三级包括 14 个核心知识点，具体说明如附表 6 所示。

附表 6　图形化编程三级核心知识点及能力要求

编　号	名　称	能力要求
1	列表	掌握列表数据结构，能够使用算法完成数据处理和使用个性化索引建立结构化数据

续表

编号	名称	能力要求
2	函数	掌握带返回值的函数的创建与调用
3	克隆	掌握克隆的高级功能，能够在程序中综合应用。 例：克隆体的私有变量
4	常用编程算法	掌握常用编程算法，对编程算法产生兴趣
4.1	排序算法	掌握冒泡、选择和插入排序的算法，能够在程序中实现相关算法，实现列表数据排序
4.2	查找算法	掌握遍历查找及列表的二分查找算法，能够在程序中实现相关算法进行数据查找
5	递归调用	掌握递归调用的概念，并能够使用递归调用解决相关问题
6	人工智能基本概念	了解人工智能的基本概念，能够使用人工智能相关指令模块实现相应功能，体验人工智能。 例：能够使用图像识别指令模块完成人脸识别；能够使用语音识别或语音合成指令模块
7	数据可视化	掌握绘制折线图和柱状图的方法
8	项目分析	掌握项目分析的基本思路和方法
8.1	需求分析	了解需求分析的概念和必要性，能够从用户的角度进行需求分析
8.2	问题拆解	掌握问题拆解的方法，能够对问题进行分析及抽象，拆解为若干编程可解决的问题
9	角色造型及交互设计	掌握角色造型和交互设计的技巧
9.1	角色的造型设计	掌握角色造型设计的技巧，能够针对不同类型角色设计出合适的形象和动作
9.2	程序的交互逻辑设计	掌握程序交互逻辑设计的技巧，能够根据情境需求，选择合适的人机交互方式设计较丰富的角色间的互动行为
10	程序模块化设计	了解程序模块化设计的思想，能够根据角色设计确定角色功能点，综合应用已掌握的编程知识与技能，对多角色程序进行模块化设计。 例：将实现同一功能的脚本放在一起，便于理解程序逻辑
11	程序调试	掌握参数输出等基本程序调试方法，能够有意识地设计程序断点。 例：通过打印出的程序运行参数快速定位错误所处的角色及脚本
12	流程图	掌握流程图的概念，能够绘制流程图，使用流程图分析和设计程序、表示算法
13	知识产权与信息安全	掌握知识产权和信息安全的相关知识，具备良好的知识产权和信息安全意识
13.1	版权保护的利弊	了解国内外版权保护的现状，讨论版权保护对创新所带来的影响

续表

编号	名　称	能 力 要 求
13.2	信息加密	了解一些基本的加密手段，以此来了解网络中传输的信息是如何被加密保护的
14	虚拟社区中的道德与礼仪	掌握虚拟社区中的道德与礼仪，具备一定的信息鉴别能力，能够通过信息来源等鉴别网络信息的真伪。 例：区分广告与有用信息，不散播错误信息，宣扬正能量

7.3　标准符合性规定

7.3.1　标准符合性总体要求

课程、教材与能力测试应符合本部分第 7 章的要求，本部分以下内容涉及的"三级"均指本部分第 7 章规定的"三级"。

7.3.2　课程与教材的标准符合性

课程与教材的总体教学目标不低于三级的综合能力要求，课程与教材的内容涵盖了三级的核心知识点并不低于各知识点的能力要求，则认为该课程或教材符合三级标准。

7.3.3　测试的标准符合性

青少年编程能力等级（图形化编程）三级测试包含了对三级综合能力的测试且不低于综合能力要求，测试题均匀覆盖了三级核心知识点并且难度不低于各知识点的能力要求。

用于交换和共享的青少年编程能力等级测试及试题应符合《信息技术　学习、教育和培训　测试试题信息模型》（GB/T 29802—2013）的规定。

7.4　能力考试形式与环境要求

青少年编程能力等级（图形化编程）三级测试应明确测试形式及测试环境，具体要求如附表 7 所示。

附表 7　图形化编程三级能力考试形式及环境要求

内　容	描　述
考试形式	客观题与主观编程创作两种题型，主观题分值不低于 40%
考试环境	能够进行符合本部分要求的测试的图形化编程环境

附

录

附录二
真题演练及参考答案

1. 扫描二维码下载文件：真题演练

2. 扫描二维码下载文件：参考答案